U0926676

苏自立⊙著

Gratitude:
the Secret
of Excellent Life

感恩，人生卓越的秘密

中国财富出版社

图书在版编目（CIP）数据

感恩，人生卓越的秘密／苏自立著．—北京：中国财富出版社，2014.4

（华夏智库·金牌培训师书系）

ISBN 978－7－5047－5140－9

Ⅰ.①感…　Ⅱ.①苏…　Ⅲ.①人生哲学—通俗读物　Ⅳ.①B821－49

中国版本图书馆 CIP 数据核字（2014）第 042237 号

策划编辑　丰　虹　　**责任印制**　方朋远

责任编辑　丰　虹　　**责任校对**　饶莉莉

出版发行　中国财富出版社

社　　址　北京市丰台区南四环西路 188 号 5 区 20 楼　　**邮政编码**　100070

电　　话　010－52227568（发行部）　　010－52227588 转 307（总编室）

010－68589540（读者服务部）　　010－52227588 转 305（质检部）

网　　址　http：//www. cfpress. com. cn

经　　销　新华书店

印　　刷　北京京都六环印刷厂

书　　号　ISBN 978－7－5047－5140－9/B·0385

开　　本　710mm×1000mm　1/16　　**版　　次**　2014 年 4 月第 1 版

印　　张　14　　**印　　次**　2014 年 4 月第 1 次印刷

字　　数　163 千字　　**定　　价**　32.00 元

前　言

趋利避害是人之本性，渴望生活得幸福与美满更是每一个人心中最为真切的愿望。然而怎样才能幸运地拥有这一切呢？判定的标准又是什么呢？金钱和名誉是时下许多人评判生活幸福与美满的标准。事实上，我们身边的很多人都把这些看作是幸福，看作是快乐，也就是因为如此，我们一生都在忙碌，在奔波……

然而，当我们真的拥有这些后就一定拥有了幸福吗？让人遗憾的是，当我们狂热地，甚至是不惜一切代价地追求金钱，追求名誉之时，它们却离我们越来越远。于是，听到很多人抱怨，说什么世界不公，自己的命不好。

殊不知，我们之所以难以成功，难以真正地感受到人生的幸福与美满，只是少了一颗感恩的心！

感恩，不仅仅是人们对待生活的一种态度，更是我们迈向成功而幸福的卓越人生的核能量，是根本。也许，有的人觉得不可理解，觉得这是看不见、摸不着的空话虚言。

然而，只有当我们拥有感恩之心，用一颗感恩的心去面对生活中所遇到的人和事之后，才能真正地领悟生活的真谛，获取人生成功与幸福的密码。因为：

当我们用一颗感恩之心去面对生活中的一切，才会真正地懂得珍惜，也正是因为珍惜，我们才会用心呵护，才会想着怎样让它变得更好。

当我们用一颗感恩之心去面对生活中的一切，才能真正地体会到生活给予我们的恩赐，才会坦然地接受一切，用一颗平和的心去面对一切，而当我们的内心平和了，就会变得强大，进而激发内心的智慧去妥善地处理人生旅途中所遇到的所有困难与阻碍。

当我们用一颗感恩之心去面对生命中所遇到的人和事时，就会感谢那些曾经给予我们帮助的人，便会放弃自我的私心去给予他人帮助。正所谓：生命即关系。而我们人生的成功与幸福不恰恰就是人际关系的互动吗?

人生需要正能量，而感恩恰恰就是正能量的源泉。拥有一颗感恩的心，用感恩的心去面对生命中的人和事，是坚强我们的内心，获取人生成功与幸福的“源代码”，而我们生活的状态就是这一“源代码”组合分解的结果。

就让我们用一颗感恩的心去面对生活中的一切吧！当我们能做到这一点后，我们人生的质量将会有一个质的飞跃，成就自一生的卓越。

本书能在较短时间内出版，真诚感谢秦富洋、方光华、陈德云、刘星、曾庆学、李志起、杨勇、李高朋、孙汗青、陈春东、张旭婧、王京刚、陈宁华、王军生、辛海、蒋志操等人在制图、文字修改以及图书推广宣传方面的协助。

作　者

2014 年 1 月

目　录

第三章　净化心灵，找回真实的自我

第四章　感恩与神奇的吸引力法则

第五章　在感恩中迅速成长

第一章

不懂得感恩的人不知道生活的意义

感恩，是一种道德，更是人生的一种态度

感恩，是一种道德，更是人生的一种态度。一个人的生活与工作离不开群体，只有学会感恩——感恩社会、感恩生活、感恩父母、感恩老师、感恩他人，甚至感恩给自己带来挫折与失败的对手、敌人，我们才会更加热爱生命，关爱他人，从而赢得平和与快乐。

我们都知道羔羊跪乳，乌鸦反哺，藏獒护主……这些动物们尚且都懂得感恩，更何况身为万物之灵的人类呢？所以，我们要学会感恩——感恩父母的恩惠，感恩师长的恩惠，感恩每个人对我们的恩惠，感恩国家的恩惠。没有父母的养育，没有师长的教诲，没有他人的帮助，没有国家的爱护，我们怎么能生存呢？因此，感恩不仅是一个人必须具备的优秀品格，更是做人的根本。有一颗感恩的心，会使你的一生幸福之至。当我们深入地体会到自己没有任何权利要求别人时，就会对周围的一切关怀或任何工作机会抱持强烈的感恩之心。为了回报这个美好的世界，我们会要求自己努力做好本职工作，尽力与周围的人和谐相处。因为这样做，不仅会工作得更加愉快，自己也会因此而获得一份好心情。

做人要有感恩之心，并且感恩之心必须是自觉的、绝对的、纯粹的。真正的感恩应该是发自内心的，而不是虚情假意。与溜须拍马不一样，感恩是自然的情感流露，是不求回报的。一些人从内心深处感激自己的上司，但是由于怕说不好，所以将感激之情隐藏在心中，甚至刻意地躲避上司，以表自己的清白。这种做

法既幼稚又可笑。如果我们能从内心深处体会到，正是因为上司的谆谆教诲才使自己有所进步，我们又何必担心那些呢?

心怀感恩之心不仅有利于工作，对个人而言，感恩更是一种心理素质，只有心理素质高的人才会有深刻的心理感受，心怀感恩能够增强个人魅力，发挥个人潜能。感恩也像其他优秀的品格一样，是一种习惯和态度。时常怀有感恩之心，你会变得更谦和、更可敬和更高尚。不妨每天都用几分钟时间，为自己能有的幸福而感恩，为自己能遇到一位好上司或好同事而感恩。

感恩，是快乐工作之源，只有心怀感恩，我们才会更加忠诚敬业。就像余秋雨所说的："工作的追求，情感的冲撞，进取的热情，可以隐匿却不可以贫乏，可以超然却不可以清淡。"勤奋工作是员工忠诚职业的重要表现，在工作中尽心尽力、积极进取，始终保持一种尽善尽美的工作态度，满怀希望和热情地朝着自己的目标而努力，就能够获得丰富的经验，就能够提升个人的能力，同时离成功也就更近了一步。

心怀感恩，快乐工作，就是学会发掘自己所蕴藏的内在活力、热情和巨大的创造力，就是学会享受每一天的幸福。

孙涛是一名下岗工人，然而下岗的挫折与失败却给了他一个自我重新创业的机会。他凭着不服输、不怕苦累的韧劲儿，最后成为鼎鼎有名的"面食大王"。

史蒂文斯是一名在软件公司干了8年的程序员，正当他工作得得心应手时，公司却倒闭了，他不得不重新找工作。正巧遇到微软公司招聘程序员，史蒂文斯信心十足地去应聘。

凭着过硬的专业知识，他轻松过了笔试关，对之后的面试，史蒂文斯也充满信心。然而，面试时考官的问题却是关于软件未来发展方向方面的，这点他从没有考虑过，因此他被淘汰了。他觉得微软公司对软件产业的理解，令人耳目一新，深受启发，于是给公司写了一封感谢信。“贵公司花费人力、物力，为我提供笔试、面试机会，虽然落聘，但通过应聘，我大长见识，获益匪浅。感谢你们为之付出的劳动，谢谢！”这封信后来被送到总裁比尔·盖茨手中。3个月后，微软公司出现职位空缺，史蒂文斯收到了录用通知书。十几年后，史蒂文斯凭借出色业绩，成了微软公司的副总裁。

或许你会说自己的工作平淡乏味，或许你认为自己的工作琐碎繁重，或许……其实只要你愿意怀着感恩的心，快乐地投入工作，那么你的天空将不再是阴霾，你将体验到平凡与精彩、烦恼与快乐、腐朽与神奇原来是如此容易转换，你会发现启迪你力量和智慧的、给予你灵感和快乐的东西，原来离你很近，而且几乎是唾手可得！

在《圣经》中有这样一则故事：有十个人患了同一种重病，上帝将他们治好，仅有一个人再次回来感谢他的恩德，最终那个人的感恩之心使他得到了心灵上的康复：常怀感恩之心，生活也会对人绽放出灿烂的微笑。

感恩生活赐予我们美丽的环境，使我们迟钝的感觉变得无比轻盈和敏感——我们听到“沙沙”的声响是风吹过竹丛的声音，“梭梭”的声响是风拂过书面的声音，“噼啪”的声响是风吹折老树枝的声音，“扑棱”一声受惊的鸟儿扇动翅膀，向着天际飞去。

生活赐予我们的财富又何止这些。它给予我们母亲温暖的怀抱，父亲宽阔的肩膀，在孤独、无助时可以依靠的港湾，心中的风雨来了，这些都将是心灵毫无遮拦的荫蔽。孔子曰：“与善人居，如入芝兰之室，久而不闻其香，即与之化矣。”生活给予了我们许许多多，也将我们无声的祈祷化为有声的语言，转达给需要我们帮助的人。

感恩，是幸福生活之源。感恩首先要从回报身边的人开始。永怀感恩之心，通过换位思考，更加理解父母、老师、同事、朋友；理解生活、命运。在漫漫人生道路上，我们有成功也有失败。成功时，我们要感恩；失败时，我们也要勇敢面对，看到自己的不足，从中得到慰藉，获得温暖，进而挑战困难继续前进。我们也只有对生活满怀感恩，跌倒了再爬起来，才能摆脱消沉、萎靡与失落。

感恩不纯粹是一种心理安慰，也不是对现实的逃避，更不是阿Q的精神胜利法，而是一种歌唱生活的方式，它来自对生活的爱与希望。假如在我们的心中培植一种感恩的思想，就可以沉淀很多的浮躁与不安，消融许多的不满与不幸。

感恩，人生之中快乐的源泉

现今，好多人感到自己活得太累，太不快活。究竟什么原因使他们不快活？他们可能埋怨自己的生活太艰苦，可能埋怨子女不争气，可能埋怨人际关系难处，可能埋怨自己怀才不遇……究其原因是自己的欲望得不到满足，从本质上说，是缺乏感恩之心。

美国前总统罗斯福家被偷了很多东西。一位朋友闻讯后，忙写信安慰他，劝他不要太在意。罗斯福回了一封信给他朋友："谢谢你来信安慰我。亲爱的朋友，我现在很平安，感谢上帝：第一，贼偷去的是我的东西，而没有伤害我的性命；第二，贼只偷走了部分东西，而不是全部；第三，最值得庆幸的是：做贼的是他，而不是我。"对任何人来说，失盗绝对是不幸的事，但罗斯福总统却能找到三条感恩的理由。

与其有异曲同工之妙的还有一则经典笑话：有一根木棍落在一个人头上，头破了，但他捡起木棍，看到另一面有钉子，心里暗自庆幸：我很幸运，有钉子的一面没有落在我的头上。

的确，当灾难降临时，怨天尤人是于事无补的，只有从不幸中找寻到快乐，学会感恩生活，我们才能快乐一生，其实快乐真的就是一种心态。生活就像一面镜子，你对它微笑，它也对你微笑。你对它哭泣，它也对你哭泣。

有一颗感恩的心，我们才懂得珍惜，才会快乐。仔细发掘吧，生活中总有值得感恩的一切，不要责怪现实给予我们太少，扪心自问，是不是自己向现实要得太多，要得太理所当然了，忘记了得到的快乐，忘记了感恩。

到了发年终奖金的时候，老王异常兴奋地来公司上班，心里盘算着会拿到不少钱。他想起自己这一年早来晚归，兢兢业业地为公司工作，连妻子和儿子都顾不上，有了这笔钱就可以给他们买贵重礼物了。当老王打开装着奖金的信封时，他简直不敢相信自己的眼睛："只有两百块钱？"一瞬间，失望、不平和愤怒一起涌向他的心头。登上回家的公共汽车，老王掏出一块钱正要买票，突然听到有人大声说："这车上所有人的票我买了，祝大家新年快乐。"在随之而来的欢声笑语中，老王的心也笑了。

为什么两百块钱都没有使老王高兴，一块钱的车票却让他快活起来呢？对这个简单问题的回答将揭示出人生快乐的根源。两百块钱的奖金使他愤愤不平，因为他觉得自己的辛劳和才华值五百，一千，甚至更多的钱。人自命不凡的本性及虚荣心注定了人的不满足和它所带来的不快。而那一元钱实属白白得来，他根本无法将此归功于自己的成就，感恩之情油然萌发。

感恩，是人生的最大智慧；感恩，是人性的一大美德。常怀感恩之心，我们便能够无时无刻地感受到家庭的幸福和生活的快乐。在感恩的世界里，我们还会时时提醒自己：滴水之恩，当涌泉相报！

没有阳光，万物就不能生长；没有雨露，就不能五谷丰登；没有水源，就没有生命；没有父母，就没有我们自己；没有亲情、友情和爱情，世界就会是一片孤独和冷清。这些道理大概人人都懂，但是，如果要把感恩落实到实际行动上，很多人往往都做不到。

想想是谁把我们带到人间？是谁把我们抚养成人？是我们的父母。首先要感恩的就是他们。

其次，当我们步入婚姻的殿堂时，又是谁和你组成一个家？是你的爱人，遇上知心爱人是你的福分，你将与他（她）共同走过一生，也许他（她）有这样或那样的缺点，既然你选择了他（她），既然成为一家人，那彼此为什么不能互相体谅呢？能成为夫妻，本身就是前世之缘。难道你不应感谢老天送给你们的缘分吗？

再者，当你们有了自己的孩子，不要总认为自己在辛苦地操劳，在为孩子付出，难道就没发现孩子所带来的快乐吗？当你那幼小的孩子仰起天真的笑脸，张开稚嫩的双臂扑向你时，当他用柔软的小手抚摸你的面颊时，你难道感觉不到他对你的付出吗？因此，学会感恩自己的孩子吧！

还有，当我们踏入社会以后，要与各种各样的人打交道。我们做学生时，要和同学相处；参加工作后要和同事相处，这部分人可能是与我们关系最近的了。对于这些人，我们往往容易用挑剔的态度来看待：我们总在奢求别人多付出一点，自己少付出一点，当别人付出的没有我们想象的多时，我们可能就会说："这人真不怎么样。"事实上，只要我们转念一想：我们都是毫不相干的人，是共同的事业把我们联系在一起，难道不是一种缘分吗？我们为什么要要求那么多？因此，学会感谢这种缘分吧！

最后，我们每天都生活在大自然的怀抱中。这个环境不但有花，有草，有树，而且还有阳光、雨水和空气，如果没有这个环境，我们就没有生存的可能。在这个环境中，我们可以自由地呼吸，自由地生活，因此我们要感恩上天给予我们的自然环境。

其实，需要我们感恩的还有许多，只要我们能够发现……

感恩，是人生中一种美好的态度、明朗的心境、人性的光辉。所以，人活着应该对人对事常怀感恩之心，常存感激之念。你学会了感恩，就拥有了快乐！多一分感恩，就少一分贪婪与抱怨；多一分感恩，就少一分不满与牢骚；多一分感恩，就少一分浮躁和不安……总之，多一分感恩，你就等于多享受了一分快乐！

感恩，是积极向上的思考和谦卑的态度，它是自发性的行为。当一个人懂得感恩时，便会将感恩化做一种充满爱意的行动，实践于生活中。一颗感恩的心，就是一颗和平的种子，因为感恩不是简单的报恩，而是一种责任、自立、自尊和追求一种阳光人生的精神境界！感恩是一种处世哲学，感恩是一种生活智慧，感恩更是学会做人、成就阳光人生的支点。

因为感恩，世界变得美丽；因为感恩，人们变得快乐；因为感恩，让我们拥有了幸福。让我们学会感恩，在感恩中享受快乐。

懂得感恩，才能学会珍惜

对于任何一件事，我们只有懂得珍惜，才会用心去做，进而才能把事情做好。同理，只有当我们真正地懂得感恩之后，才会真正地学会珍惜，才能认真地去面对生命中所有的一切。有一个旅人讲述了自己的一段故事：

我是一个爱好旅游的人，喜欢去各个地方走走，参观那里的风土人情，感悟大自然的奥妙。在我的记忆里有这样一个年轻人，让我永远也忘不掉。他叫斯特，是个年轻沉默寡言的小伙子。

那是和朋友到佛罗里达的一次游历。我们在那里参观了工场、医院等地方。最后，我们又去了当地的水电站。那是一个壮观的钢混结构工程，大部分的时间都利用水力发电。水电站的负责人就是斯特，他掌控着全局，也很有经济头脑。之后我们便与他攀谈起来。

我注意到通往水电站的公路旁有一条砖路，斯特无意中提到，那是他和他的工人们一起铺筑的。他开玩笑说，他们这样做仅仅是为了消磨时间。因为在通常情况下，那样的工作都是交由包工队完成的。

我问了他几个问题，诸如他是哪里人等，但他都微笑着将话题避开，然后又将我的注意力拉回到他们新引进的发电机上。

中午休息时，水电站的一位老员工对我说："你最好注意一下斯特，他是个很出色的孩子，他3年前才来到这里的，当时我们在建设发电厂，包工头就雇用了他当他们的送水员，而第二周，他就当上了计时员。

一天晚上，老板看到斯特撕开几米长的红色法兰绒布，然后将它们包在日光灯上，看起来他们没有足够的红灯照明。他很抱歉地解释说：他们没有足够的资金购买相应的设备以替换已损坏的设备。

这就是斯特所有的回答，他从不多说无益的话，但他总是能将事情做得很好。他总是早上很早便来到电厂上班，而且往往是晚上最晚一个离开。

斯特在水电厂勤勤恳恳地工作了有一年，当包工队将要离开的时候，斯特已经当上了包工队的老板助理。

每次老板去芝加哥开会的时候都会把所有的权力交给他。没有什么所谓的“任命”，他就那么自然而然地临时接替了老板的职务。

接着，包工队又在西雅图找到了另一项工程。当包工队的老板去那个城市指挥工作的时候，他又把这里的一切事务交由斯特全权处理。

最后，当一切工程就位，发电厂开始正常运行之时，施工队决定留下这个能干的小伙子。

包工队的老板在电话里不同意放人，而我们则坚持聘用他。虽然他本人也觉得他应该跟随最初收留他的包工队，但我们应允向他提供等值于10000美元的股票为薪金时才最终留下了他。

现在，他属于我们的财产，也是这个城市的一员。他说的很少，但很专注于本职工作，从不参与任何纷争、口角或派系的明争暗斗。他已经学习了电力工程。现在他对管理水电厂方面的知识掌握得相当好，绝不亚于我们平时所掌握的经验知识。他还时常鼓励大家学习和运用先进知识，并草拟计划、画草图，向大家提供好的建议。大家都一致认为，如果你给他充足的时间，他一定可以做到一切你所期望他做到的事。”

这是一个普通人成长的故事，他并没有什么显赫的光辉，但是他对待工作认真负责的态度却值得我们每个人学习。现代社会，这样的人很难寻找。与之相比，很多年轻人总是为找不到一份好工作着急，而当他们获得了一份工作时，却又不懂得感恩，从来不会珍惜，不是整天牢骚满腹，脏累活不愿干，眼高手低，这山看着那山高，就是总认为自己怀才不遇，自己命不好，但事实上其真本事却没有多少，把他放在重要岗位上还真干不了。可见，故事中斯特的艰辛成长历程是值得我们每一个人敬佩的。

生活中还存在着这样一群人，他们看不起自己的工作，不但不感激公司给予的工作，还认为公司将最低微、最卑贱的活安排给了自己，甚至有时会诋毁自己的公司。如果你是一个这样的人，那你不配担任这份工作。公司将这份工作给你，是对你价值的肯定，更是对你的考验。那些只知道要求高薪，却不知道自己应承担责任的人，无论对自己，还是对公司，都是没有价值的。

在许多年轻人看来，尤其是刚走出大学校园的年轻人，大多认为公务员、教师或者大公司管理人员才称得上是体面的工作，认为自己给公司工作就应该得到重用，就应该获得丰厚的报酬。他们在薪酬上相互攀比，仿佛工资是他们衡量一切的标准。某些工作也许看起来并不高雅，工作环境也很差，也会吃很多苦。但是，请不要无视这样一个事实：有用才是伟大的真正尺度。房子是从地基开始盖的，工作也是同样的道理，不要小瞧了你现在看起来不起眼的工作，它可是你将来建功立业的地基。所以，你必须学会珍惜眼前的工作，它是你将来成功的基石。下面故事中的孙强便是从最辛苦的工作干起，经过打拼做到了经理位置。

孙强是一家汽车美容店的洗车工，这家洗车店开业好几年了，店里的工人换了一批又一批，而他始终在店里干。孙强是一个从山区来的穷孩子，家里的弟弟妹妹靠他每月寄回的300元钱上学。孙强总是默默地干活，从来不抱怨什么。以至于他经常被一些自以为聪明的同事当成傻子。只要老板不在场，他们总是把最累最脏的活交给孙强去干，而孙强也从不会拒绝，每次洗完车，别的洗车工都坐在一起打闹、嬉戏，只有孙强拿着抹布围着车转，发现有不干净的地方赶紧擦洗。

对孙强的行为，老板看在眼里，喜在心里。过了一段时间，老板开了一家分店。想来想去，直接就把孙强调到分店当起了经理。老板对朋友说："别看孙强少言寡语，其实心里可有数了！他说话少，可干事实在，分店交给他，我放心。"

孙强是一个懂得珍惜工作的人。他明白，正因为有了这份工作，自己才能够承担起弟弟妹妹上学的责任，所以自己只能用踏实苦干来回报公司的这份恩惠。也正是这份难得的责任心，令他得到了老板的认可。孙强如此，宋诚也如此。

宋诚大学毕业后来到重庆，在一家公司担任质检工作，每个月只能挣1500元，而且还必须从早忙到晚。他的朋友们都劝他换一个工作，说这样低的工资不值得他如此卖力。可是他始终没有放弃，也从不抱怨自己工资太低。他诚恳踏实的态度引起了老板的关注，一年以后，他的工资就涨到了3000元，并且被提拔到一个重要的部门任职。在新职位上，宋诚继续保持自己良好的工作习惯，最后被提升到副总经理的位置上，成为收入仅次于老板的人。

与轻松体面的工作相比，商业和服务业需要付出更加艰辛的劳动与更实际的能力。那些看不起自己工作的人，实际上是人生的懦夫。有些年轻人用自己的天赋来创造美好的事物，为社会作出了贡献；而有些人没有生活目标，做事缩手缩脚，浪费了天生的资质。本来可以创造辉煌的人生，结果却与成功失之交臂，不能不说是一种巨大的缺憾。

珍惜现有的一切是一种责任、一种精神、一种感恩。只有珍惜，我们才会真正地用心去面对，才会去尊重自我的人生，为自我的人生负责，不断地要求自我把事情做好。

索取的人生是越走越窄的死胡同

一个真正懂得感恩的人，不仅会去珍惜所拥有的一切，更懂得去感谢生活中所遇到的一切人和事，知道人生成功的秘密在于付出，而非索取。你或许听过这样一句话："如果你想生活赐予你什么，首先你必须得先付出。如果你不懂得这一点，只知道索取的话，接下来的人生便会是越走越窄的死胡同。"

你是不是对此有所怀疑呢？现在，就让我们一同来看一则故事吧！

某超市与一家代理商有近半年的业务往来。期间，超市老板认为商品很适合自己，于是一直与其合作，但出于利益心理，他每次都会以价格太高为由要求代理商降价。

代理商为了维持销量，不得已一次次地降价。超市老板可真是聪明一时，当他也觉得商品价格没有再降的空间时，便向代理商提出促销政策的要求。之后很长时间，代理商竟然不给超市送货了，而超市经常有消费者指名要购买该种商品。超市经理打电话给代理商询问何时送货时，对方只是说断货了。超市经理当然听懂了对方的意思：利润太低，不想再供货了。

该超市只想着自己赢利，而没有考虑到客户的利益，所以最后生意断了线，客户赚不到钱，超市自然也无利可图了。

从上面的事例中，我们可以获得这样一个启发：人如果不懂得感恩，不懂得付出，只知道索取的话，收获也就越少。从人性的角度去说就是，为人处世、交际做事"功利心"不能太强，否则，你不仅不能获得更多的利益，而且连原先的利益也都会丢失。

懂得感恩，知道感谢他人，懂得付出，就会让我们跨越因此而带来的人际关系的沟壑，会让我们得到更多人的支持与帮助，会让我们的人生道路越走越宽。

《向你挑战》一书的作者廉·丹佛就曾讲过这样一个故事：

两个同龄的年轻人同时受雇于一家店铺，干同样的活，拿同样的薪水。可是叫阿诺德的小伙子青云直上，而叫布鲁诺的小伙子却仍在原地踏步。布鲁诺很不满意老板的不公正待遇。终于有一天他到老板那儿发牢骚了。老板一边耐心地听着他的抱怨，一边在心里盘算着怎样向他解释清楚他和阿诺德之间的差别。"布鲁诺先生，"老板开口说话了，"你今早到集市上去看看有什么卖的。”布鲁诺从集市上回来向老板汇报说：“今早集市上只有一个农民拉了一车土豆在卖。”“有多少？”老板问。

布鲁诺赶快戴上帽子又跑到集上，然后回来告诉老板一共40口袋土豆。

“价格是多少？”

布鲁诺又第三次跑到集上问来了价钱。

“好吧，”老板对他说，“现在请你坐到这把椅子上一句话也不要说，看看阿诺德怎么说。”

老板把阿诺德叫到跟前，分派给了他同样的任务。阿诺德很快就从集市上回来了，并汇报说，到现在为止只有一个农民在卖土豆，一共40口袋，价格很划算；土豆质量很不错，他还带回来一个让老板看看。这个农民一个小时以后还弄来几箱西红柿，据他看价格非常公道。昨天他们铺子的西红柿卖得很快，库存已经不多了。他想这么便宜的西红柿老板肯定会要进一些的，所以他不仅带回了一个西红柿样品，而且把那个农民也带来了，他现在正在外面等回话呢。

此时老板转向了布鲁诺，说：“现在你肯定知道为什么阿诺德的薪水比你高了吧？”

布鲁诺跑了三趟，才在老板的不断提示下，了解了菜市场的部分情况；而阿诺德仅一趟，就掌握了老板需要和可能需要的信息。现实生活中也有不少像布鲁诺这样的人，上司吩咐什么，就干什么，从不用脑多思考其他问题，结果长期不被重用，还慨叹命运的不公平。而像阿诺德那样办事高效、灵活的人，不仅圆满完成了领导交给的任务，还主动给领导提供参考意见和尽可能多的信息，这样的人自然会得到领导的赏识和青睐。

科学家富兰克林与钢铁大王卡内基都是经过一番刻苦奋斗而成功的名人。在他们早年的奋斗时期都曾碰到很大的障碍，但是，他们并非因此而记恨他人，而是用一颗感恩之心去面对那些曾经反对他们的人，付出自我的真情，以至于使反对的人满意而信服。

当富兰克林而立之年时，在培拉代尔培亚省开了一家小小的印刷厂。当时，他还被选任为议会的书记。

但是，困难出现了。在选举之前，有一个新的议员对他发表了一篇很长的反对演说，把富兰克林批评得一文不值。

遇到了这样出其不意的对手，该怎么办才好？富兰克林说："我对于这位新议员的反对，当然很不高兴。可是，他是一位有学识的绅士，他的声誉与才能在议院里占有一席之地。然而，我绝不会向他表现出阿谀之色，来博取他的同情与好感，我只在隔了数日之后，运用了其他适当的方法。"

"我听人讲起，他的藏书室里有几部很名贵、很稀有的书，我就写了一封简短的信给他，说明我想看看这些书，希望他能答应借我几天。他立刻把书送了过来。大约过了一个星期，我就将那些书送去还他，另外附了一封信，在信中热忱地表达了我的谢意。"

"他以前从不和我谈话的，可是，当我们下一次在议院里相遇的时候，他居然主动跑上前来和我握手谈话，而且非常客气；还对我说，如果有需要他帮忙的地方，他一定会鼎力相助。于是我们成了知己，我们之间的友谊就此一直维持下去。”

这故事乍看之下很平常，但仔细想想，富兰克林能够做到这一点，不就是懂得感恩，忘记了索取吗？

付出的人生道路会越走越宽广

懂得付出的人才能真正拥有快乐。在我们身边有很多人总是生活在闷闷不乐之中，说得简单一些，就是缺少一颗感恩之心，吝啬自我的付出。在这儿，要告诉各位的是，如果我们想真正地拥有人生的快乐，就要少一点索取之心，多一份付出之心，因为当我们的付出为他人带来快乐的同时，我们自己也会处于快乐之中。快乐是可以分享的，你给别人带来了快乐，你给别人的东西越多，你获得的东西就会越多，你的人生道路就会越走越宽广。

有一个有趣的寓言故事就给予了我们很好的启示。

树上落了一只嘴里衔着一大块食物的乌鸦。许多追踪这个富有者的乌鸦立刻成群飞来。它们全都落下来，一声不响，一动不动。那只嘴里叼着食物的乌鸦已经很累了，它吃力地喘息着，它不可能一下子就把这一大块食物吞下去呀。它也不能飞下去，在地上从容不迫地把这块食物啄碎。那样乌鸦们会猛扑过来，随之就会上演一场“混战”。于是，它只好停在那儿，保卫嘴巴里的那块食物。

也许是因为嘴里叼着食物呼吸困难，也许是因为被大家追赶精疲力竭——只见它摇晃了一下，突然失落了叼着的那块食物。

所有的乌鸦都猛扑上去，在这场混战中，一只非常机灵的乌鸦抢到了那块食物，立刻展翅飞去。这当中另一只乌鸦——头一只被追赶得精疲力竭的乌鸦也在跟着飞，但已明显地落在大家的后面了。

结果第二只乌鸦也像第一只乌鸦一样，精疲力竭，落到了一棵树上，终于失落了那块食物，于是又是一场混战，所有的乌鸦又去追赶那个幸运儿……

富有的乌鸦的处境多么可怕，而这只是因为它只为了自己，而不会与别人分享。最终的结果是自己也享受不到。快乐分给大家，快乐就会成倍地增加。相反地，如果紧握住不放，就会有别人嫉妒你的快乐。

从前有个国王，非常疼爱他的儿子，总是想方设法满足儿子的一切要求。可即使这样，他的儿子却总是整天眉头紧锁，面带愁容。于是国王便悬赏寻找能给儿子带来快乐之能士。

有一天，一个大魔术师来到王宫，对国王说有办法让王子快乐。国王很高兴地对他说：“如果你能让王子快乐，我可以答应你的一切要求。”

魔术师把王子带入一间密室中，用一种白色的东西在一张纸上写了些什么交给王子，让王子走入一间暗室，然后燃起蜡烛，注视着纸上的一切变化，快乐的处方会在纸上显现出来。

王子遵照魔术师的吩咐而行，当他燃起蜡烛后，在烛光的映照下，他看见纸上那白色的字迹化作美丽的绿色字体："每天为别人做一件善事！"王子按照这一处方，每天做一件好事，当他看见别人微笑着向他道谢时，他开心极了。很快，他就成了全国最快乐的人。

俄国诗人涅克拉索夫的长诗《在俄罗斯，谁能幸福和快乐》中写道：诗人找遍俄国，最终找到的快乐人物竟然是枕锄瞌睡的农夫。是的，这位农夫有强壮的身体，能吃能喝能睡，从他打瞌睡的眉目里和他打呼噜的声音中，便流露出由衷的开心。这位农夫为什么这么开心？不外乎两个原因，一是知足常乐，二是劳动能给人带来快乐和开心。正是因为农夫付出了能让别人快乐的劳动，所以他才成为了最快乐的人。付出最多的人，往往获得的也最多。

1930年，西蒙·史佩拉传教士每日习惯于在乡村的田野之中漫步。无论是谁，只要经过他的身边，他都会热情地向他们打招呼问好。

其中有个叫米勒的农夫是他每天打招呼的对象之一。米勒的田庄位于小镇的边缘，史佩拉每天经过时都看到他在田里勤奋地工作。然后这位传教士总会向他说："早安，米勒先生。"

当传教士第一次向米勒道早安时，这个农夫只是转过身去，像一块石头般又臭又硬。在这个小乡镇里，犹太人和当地居民相处得并不太好，成为朋友的更绝无仅有。不过这并没有妨碍或打消史佩拉传教士的勇气和决心。一天又一天地过去，他持续以温暖的笑容和热情的声音向米勒打招呼。终于有一天，农夫向传教士举举帽子示意，脸上也第一次露出了一丝笑容。

这样的习惯史佩拉持续了好多年，每天早上，史佩拉都会高声地说“早安，米勒先生”。那位农夫也会举举帽子，高声地回道：“早安，西蒙先生。”这样的习惯一直延续到纳粹党上台为止。

史佩拉全家与村中所有的犹太人都被集合起来送往集中营。史佩拉被送往一个又一个的集中营，直到他被送往位于奥斯维辛的集中营。

从火车上被放下来之后，他就等在长长的行列之中，静待发落。在行列的尾端，史佩拉远远地看到营区的指挥官拿着指挥棒一会儿向左指，一会儿向右指。他知道发配到左边的就是死路一条，发配到右边的则还有生还机会。

他的心脏怦怦跳动着，越靠近那个指挥官，就跳得越快。很快，就要轮到他了，什么样的判决会轮到他？左边还是右边？

他离那个掌握生死的独裁者还有一段距离，但是他清楚这个指挥官有权力将他送入焚化炉中。这个指挥官到底是个什么样的人？他怎么能在一天之中将千百人送入枉死城中？

他的名字被叫到了，突然之间血液冲上他的脸庞，恐惧消失得无影无踪。那个指挥官转过身来，两人的目光相遇了。

史佩拉静静地朝指挥官说："早安，米勒先生。"

米勒的一双眼睛看起来依然冷酷无情，但听到他的招呼时突然抽动了几秒钟，然后也静静地回道："早安，西蒙先生。"接着，他举起指挥棒指了指说："右！"史佩拉边喊边不自觉地点了点头。"右！"——意思就是生还者。

对他人表示关心和善意，比任何礼物对别人都有更多实际利益，同样也能得到对方更多的爱。

在别人最需要帮助时给予无私的帮助，很多人想得到，却难以做到。

奥姆被强盗抢走钱包，还被剥光了衣服，被抛弃在寒风刺骨的路口。

一个过路人路过这儿，奥姆赶忙向他求救。

过路人看见他的样子，非常同情地掏出一大把美元来，递给他说："拿去吧，我只能帮你这么多。你可以用钱去买衣服，或者坐车回家。"

奥姆拒绝了过路人的施舍。

第二个过路人路过这儿，奥姆忙向这人求救。

过路人明白了事情的原委后，说："哦，我非常愿意帮你。可我急需挣钱去买些口粮，给我那些饿坏了的孩子们吃，所以我没有帮你的时间。不过，你若愿意出钱，我倒可以省下时间来，带你到一千米外的修道院去。"

“我连衣服都没穿，哪还有钱呢？你走吧。”奥姆拒绝了过路人的好意。

这时候，第三个人骑着一匹马过来了，奥姆抱着最后一丝希望，向这个人复述了自己被抢的不幸遭遇。

那人骑在马上，沉默了一会儿，显然经过了一番激烈的思想斗争后才说：“真不凑巧，我骑马走了一天一夜，人与马都累坏了，所以我不能把马借给你骑。不过，我非常想帮你，你要是不怕骑垮我的马，你就上来跟我挤着骑吧。”

“不了，你的马对你来说太珍贵了。”奥姆拒绝了第三个过路人的好意。

寒风越来越刺骨，奥姆冻得瑟瑟发抖，他想，看来一切只能靠自己了，尽管这世上每个人都想帮他。

正想着，又走过来一位挑着重担的过路人，奥姆想这人肯定也帮不了他大忙，于是干脆默不作声地等着过路人从身边过去。

挑重担的过路人远远看见了冷得缩成一团的奥姆，他立刻放下担子，对奥姆说：“不管发生了什么，我想你现在肯定需要帮助。如果你不嫌弃的话，就让我背你去我家烤火、吃饭、穿衣吧。”

“可是，你的担子怎么办？”奥姆问。

“管不了那么多了，救人要紧，你快不行了。”第四个过路人说完，背起奥姆飞快地向自己的家跑去。

在别人最危急的关头给予的帮助才是最有用的，是人性光辉最美好的闪耀。被帮助者会一生铭记你的恩情。想想看，你的付出给予了他人帮助，当你在人生的旅途中遇到困难之后，又怎么不会得到他人的帮助呢？

人生之道，就是从“知恩”到“报恩”

什么是人生？所谓的人生，实际上是从“知恩”到“报恩”的过程。对此，很多人可能难以理解，但不管你心中存在着怎样的疑惑，却不能改变这一事实。

为什么这么说呢？

对于我们人，既有着作为个体的属性存在，同样也有着社会的属性。说得简单一些，就是人既有着自我的独特个性，同样也有着社会的共同属性。这就决定了我们每一个人要想真正地拥有幸福与快乐，就必须学会处理好自我个体属性与社会属性的关系。事实上，在很多时候，我们很多的人就是因为不能妥善地处理好“自我”与社会中的“我”的关系。

说白了，这种“自我”与社会上的“我”之间，就是如何进行自我的定位，以何种的态度去面对生命中的人和事。而所谓的知恩，就是对于人生中的一切，持有感激之情，接受自我人生之中的一切，并用一种正确的心态去面对。感恩，则是建立在这种感激之情上的一种行动，一种付出。

感恩，其实是人生的有效互动，是我们人生不断迈向成功的基础以及动力之源，它会消除我们心中的消极因素，促使我们用一种积极的心态，热情地面对生活中的一切。热情，是一种积极的精神力量，但这种力量不是凝固不变的，而是非常不稳定的。不同的人，热情的程度和保持热情的时间是不一样的；同一个人，热情的程度和保持热情的时间也不一样。总之，热情这种东西人人都有，如果善加利用它，可以使之变成巨大的动力。

一个人不管在任何状态和环境中，只要拥有热情，身边一切都会充满活力，充满阳光和激情。所有这些，在社会交往和走向成功的过程中，都会极富感染力。如果你能始终保持热情，那么你的成功之路将在融洽和顺畅的环境下，向未来无限延伸，最终获得成功。

当你与朋友或商业伙伴接触时，你的意识也许会因受到热情而产生强烈的共鸣，这种共鸣将会记录在你的一切潜意识中。在这种潜意识中，很多的好感和共识会很容易被激发出来，因而合作的意向很容易促成。所以，在行动中无时无刻地融入热情，对你的成功将有不可限量的好处。

如果你要推销产品或提供服务或是发表演说，首先必须具备热情。只有如此，你的意识状态，你最开始想表达的意图，才能被服务对象了解和接受，才可能使他们对你的语气进行判断。实际上，语气是非常关键的，而声明的内容并不是人们一开始就能意识到的。

有位推销员向拉斐尔推销一种叫做《周末》的报纸。他首先把报纸递给拉斐尔，在拉斐尔粗略地浏览了一遍之后，很冷漠地对拉斐尔说："你不会为了帮助我而订阅《周末》

吧，是不是？”

最后的结果可想而知，拉斐尔拒绝了，因为推销员的话太具有诱惑力、暗示性了，他已经事先引导了拉斐尔应该怎样回答他的问题，而且他的话很轻易地就能够被拒绝。原因就是推销员只是行动了，但并没有融入热情。有一点可以肯定的是，他急需从拉斐尔的订费中赚取他的报酬，然而他的语气并没有说服力，因而打动不了拉斐尔，这笔生意就以失败告终了。

过了几周之后，拉斐尔家又来了一位推销员。也是推销报刊的，一共有六种，其中一份就是《周末》，但她却用了一种与前者完全不同的推销方法。

她一进门看到了拉斐尔的书桌，发现在他的书桌上摆着几本杂志，她只匆匆瞥了一下之后便把目光迅速收了回来，这一动作是很难被察觉到的。她朝拉斐尔笑了笑，说了几句例行的介绍之后，便将目光重新投在他的书桌上，不禁一句惊叫：“啊！一眼就看得出，你是一个非常喜爱读书的人，而且对各种杂志很喜欢！”

拉斐尔朝她目光所指的方向瞧去，接着笑了笑说：“是啊！”这样一来拉斐尔很骄傲地接受了这项“夸奖”，因此，对这位推销员颇有好感。当女推销员走进来时，他正拿着一份文稿，但马上将文稿放了下来，想知道接下来她要说些什么？

当他想好了应付对策之后，他密切注意着女推销员，看她怎样面对这一情况。当她满怀抱着一大堆杂志走进书房时，一般人会认为她肯定会将它们展开，接着一一递给拉斐尔，口若悬河地向拉斐尔讲一番，催促拉斐尔订阅它们，但是她却没有这样做。

只见她径直走到书架前，从中选取了一本爱默生论文集。她翻开论文集后，看到里面一篇爱默生所写的关于报酬的文章，接着便开始津津有味地不停地谈论，她的谈论竟让拉斐尔忘记了她是来推销报刊的。言谈中，她阐述了自己的许多新颖的、独特的观念，很有个人见地，让拉斐尔听后也觉得受益匪浅。

有热情的铺垫，加之语言的沟通，使他们心灵的距离拉近了。

最后，她走时，带走了拉斐尔订阅这六种杂志的所有订阅费。这正是她在行动中融入热情和机智的结果。

这位女推销员用了短短一句话，再加上一个愉快的笑容，还有真诚热情的语气，这些已经让她成功地将拉斐尔的工作中断了，而且将他的注意力完全吸引到她这里来。

同样的刊物和对象，推销的成败只取决于热情与冷漠的不同。由小见大，每条成功之路对于热情都是来者不拒的。以上事例告诉我们：做任何事都必须具备一个重要的条件，那就是——积极的行动加热情的态度。对此我们应该是深信的。只要有了这个条件，对于任何人，都不会失败。同时，我们应该相信，只有对工作拥有积极行动和热情的人，才能愉快地工作和进取。

朋友们，请永远记住：消极和态度冷漠是你成功永远的敌人，当我们拥有一颗感恩之心，多想一些可以鼓舞自己的事情，以积极的心态和诚然的热情去面对未来。相信未来是充满光明和希望的，你才有可能在不久的将来成为一名卓越的成功人士。

记住，人生的成功从感恩开始

感恩，是面对人生的一种积极态度，我们人生的成功恰恰也是从感恩开始的，只有当我们拥有一颗感恩之心，才会积极地接受并面对人生之中所有的一切，用一种乐观的精神去面对生命中遇到的各种苦难与挫折。

我们都知道：人的一生，不可能一帆风顺，总会遇到磕磕碰碰，如果总抱着“太糟了”、“我完了”的消极想法，以后的路就会非常难走。此时，若我们用一颗感恩的心去面对，便会从悲观中走出，看到事情好的一面，阳光的一面，进而引导自我走向充满阳光的人生。

古人所说的《塞翁失马》的寓言故事就很好地告诉了我们这一点。

古时候在边塞地区，有一个老头儿。一次，他养的一匹好马突然失踪了，邻居和亲友们听说后，都跑来安慰他。他却并不焦急，笑了笑说：“马虽然丢了，怎么知道这就不是一件好事呢?”

几个月过去了。有一天，老人丢失的那匹马居然回来了，还意外地带回来另一匹好马。

这事轰动了全村，人们纷纷向老人祝贺。可是老人并不高兴。他对大家说："这有什么好祝贺的呀，谁能料到这不是一场灾祸呢！"

几天之后，老人的独生子骑着那匹好马玩，这匹马不熟悉它的新主人，乱跑乱窜，将小伙子摔了下来，把腿摔瘸了。人们听说了，又来安慰老人。可是老人仍然不焦急，他说："说不定还是件好事呢！"

后来，边境发生了战事，很多青年人被征调入伍，上了前线，伤亡惨重，只有老人的儿子因为身体残废，留在家里，才侥幸活了下来。

跟恋人分手了，为何不去想想，这是上天给你的安排，他要不爱你的人早早离开你，好让爱你的人出现来陪伴你。爱已经不在了，两个人勉强在一起，是不会有幸福的。还不如早早的分手，大家还可以做好朋友，要知道，恋人可能是一时的，但朋友却是一生的。

做生意一天都没有客人上门，不妨想想，生意淡了，是给我们时间休息，忙了好久了，都没有好好休息一下，好不容易有了时间，为什么要不开心呢？

和家人吵架了，觉得很伤心，可是想想看，吵架也不失一种很好的沟通方式，这样，你会知道自己哪儿不好，日后加以改正，与家人的关系一天更比一天好。

跟爱人离婚了，刚开始你可能会觉得空落落的，但你更会觉得，自己不再痛苦了。是的，当爱不在了，一切都会成为痛苦的傀儡，所以不是所有的放弃都是表示怯懦，不是所有的放弃都是表示退缩。

做生意赔本了，你可能会觉得很沮丧，但是，这更意味着一个新的开始。只有总结了上一次失败的原因，才能有目的、有针对性地改进新的商业计划，正是因为有了失败，才会令你更加珍惜新的事业，不会再像以前那么放肆和任性，才能获得更大的成功。

……

任何事都要从不同的角度去想，坏事就会成为好事。看事情总看好的一面，重要的或许并不是事情的结果，而是那份难能可贵的阳光心态。

有两个秀才一起去赶考，路上他们遇到了一支出殡的队伍。

看到那一口黑乎乎的棺材，一个秀才心里立即“咯噔”一下，凉了半截，心想：完了，活见鬼，赶考的日子居然碰到这个倒霉的棺材。于是，心情一落千丈，走进考场，那个“黑乎乎的棺材”一直挥之不去，结果，文思枯竭，果然名落孙山。

另一个秀才也同时看到了，一开始心里也“咯噔”了一下，但转念一想：棺材，棺材，噢！那不是有“官”又有“财”吗？好，好兆头，看来今天我要鸿运当头了，一定高中。于是心里十分兴奋，情绪高涨，走进考场，文思如泉涌，果然一举高中。

回到家里，两人都对家人说："棺材"真的好灵。

又是秀才进京赶考，住在一个经常住的店里。考试前两天他做了三个梦，第一个梦是梦到自己在墙上种白菜，第二个梦是下雨天，他戴了斗笠还打伞，第三个梦是梦到跟心爱的表妹脱光了衣服躺在一起，但是背靠着背。

这三个梦似乎有些深意，秀才第二天就赶紧去找算命的解梦。算命的一听，连拍大腿说："你还是回家吧。你想想，高墙上种菜不是白费劲吗？戴斗笠打雨伞不是多此一举吗？跟表妹都脱光了躺在一张床上，却背靠背，不是没戏吗？"

秀才一听，心灰意懒，于是回店收拾包袱准备回家。店老板非常奇怪，问："不是明天才考试吗，今天你怎么就回乡了？"秀才如此这般说了一番，店老板乐了："哟，我也会解梦的。我倒觉得，你这次一定要留下来。你想想，墙上种菜不是高中吗？戴斗笠打伞不是说明你这次有备无患吗？跟你表妹脱光了背靠背躺在床上，不是说明你翻身的时候就要到了吗？"

秀才一听，觉得有道理，于是精神振奋地参加考试，居然中了个探花。

对事物的看法，没有绝对的对错之分，但有积极与消极之分。消极思维者，对事物永远都会找到消极的解释，并且总能为自己找到抱怨的借口，最终得到了消极的结果。接下来，消极的结果又会逆向强化他消极的情绪，从而又使他成为更加消极的思维者，如此往复，形成恶性循环……

所有的这一切正如叔本华所言："事物的本身并不影响人，人们只受对事物看法的影响！"即使我们不能改变环境，至少我们可以改变内心的想法和看待事物的态度。我们不可以改变自己的容貌但可以展现笑容；我们不能控制他人，但可以掌握自己；我们不能预知明天，但可以利用好今天；我们不可能每战每胜，但我们可以尽心尽力……

积极的人，像太阳，照到哪里哪里亮；消极的人，像月亮，初一十五不一样。想法决定我们的生活，有什么样的想法，就有什么样的未来。如果想让你的生活里每天都充满阳光，不妨试试看事情只看好的一面。

第二章

心怀感恩，走出负面情绪的怪圈

人不经历挫折就不会成长

大海中没有不带伤的船。人的一生之中遇到这样的困难或者是那样的阻碍，是再正常不过的事了。事实上，人的一生就是一个经历挫折而不断地完善自我的过程，无论是古代的名人贤士，还是今天我们看到的成功人士皆是如此。如汉高祖刘邦，不就是在不断地遇到挫折后，积极地调整自我，而最终建立了大汉王朝吗？世界上最伟大的发明家爱迪生，同样也是在不断地遇到挫折与失败后，从中寻找到积极的方法，进而有了许许多多伟大的发明……

人生遭遇挫折是难免的，我们要想获取什么样的人生，并不取决于会遇到什么样的挫折，而是取决于在遇到挫折之后，以一种什么样的态度面对，是否拥有一颗感恩之心，把所遇到的挫折看成是一种对于自我不足的提示，并积极地去完善自我。曾经有位哲人说过："人生最如意的事并不是一帆风顺，而是在他遇到了这样那样的挫折后，在这些挫折中不断地磨砺了自我。"古人所说的"天将降大任于斯人也，必先苦其心志劳其筋骨"说的就是这个意思。

然而，令人遗憾的是，在现实生活中，不少的人在面对困难与挫折之时，觉得自我就是人生的弃儿，生活中的一切一切都在折磨自我，只知道发牢骚和抱怨，像这样的人就是典型的缺乏感恩之心的人，不懂得感恩的人。他们的牢骚与抱怨，表面上看起来是对所遇到挫折的谴责，事实上却是拒绝自我的完善与成长。

如果说那些获得成功的人跟普通人之间有什么最大的区别，其根本在于他们在遇到挫折的时候所持的是一种什么样的态度，是否能够用一颗感恩的心去面对。我们一同看一个事例，来看看莎莉·拉斐尔，一位北美电视节目主持人，是如何经历各种各样的挫折后始终以一颗感恩的心去面对，最终成就自我与众不同的卓越人生的。

莎莉·拉斐尔，原来是一位电台广播员，在她的三十年职业生涯中，竟然被辞退过十八次。对于大多数人来说，这样的打击是无法忍受的。它可以彻底地摧毁一个人的自信心，然而拉斐尔并没有被这样的遭遇压垮，每一次发生这种事后，她都让自己的眼光看得更高，去实现一个更远大的目标。

长期以来，美国的无线电台都认为女性不能吸引听众，所以没有一家电台肯雇用她。她只好迁到波多黎各去学习西班牙语。当她在一家通讯社工作的时候，多米尼加共和国恰好发生一次震惊世界的暴乱事件，出于种种原因，通讯社的负责人拒绝派她到多米尼加共和国去采访，但这位倔犟的女士自己凑够旅费飞到那里去，然后把自己的报道出售给电台。

1981 年，正当她在纽约的事业逐渐有了起色的时候，却又遭到了电台辞退，原因是她的上司认为她的思想过于保守，跟不上时代的要求，这一次失业长达一年多。

在这一年多内，她曾向一位国家广播公司电台职员推销她的清谈节目计划。“很妙的构想，我相信公司会有兴趣的！”

那人说。但此人却在不久之后离开了国家广播公司，拉斐尔失望极了。接着，她找到该电台的另一位职员，再度提出她的构想。这次，同样获得了对方的认可，可是此人也在不久之后失踪了。最后她说服第三位国家广播公司的职员，这人表示愿意聘用她，但要求她主持政治节目。

“我不太懂政治，我担心做不好。”她对丈夫说，而丈夫劝她尝试一下。

1982 年夏天，她的节目终于开播了。她对广播节目主持早已驾轻就熟。在经过一番深思熟虑之后，她决定坚持长期形成的平易近人的主持风格。在 7 月 4 日，美国国庆的特殊日子里，她在节目中大量地加入了自己对这一节日的深刻感受，也请听众通过电话畅谈他们的感受。这种全新的主持风格，很快引起了听众莫大的兴趣，积极参加节目的听众随之增多，几乎一夜之间，人们都知道了她的节目和她本人。这成了她事业上的又一个里程碑。

也就是因为她始终怀有一颗感恩之心，去面对工作中的挫折，最终，她成为了北美最著名的电视节目主持人之一，并两度获得相关的大奖，且有了自办的电视节目。在美国、加拿大和英国，每天有八百万观众收看她的节目。事后，她在谈及自我的成功经历时说道：“我遭受辞退达十八次之多，很多人都以为我会坚持不住，他们以为我从此会一蹶不振，可是结果恰恰相反，这成了我不断努力的动力。”

这就是感恩的力量！生活是可爱的，但同样是无情的。当生活中的厄运铺天盖地地压过来时，有的人会哭泣，有的人会愤愤不平，有的人会彻底崩溃，但这都是没有用的，这解决不了任何问题。明智的做法是，在面对挫折的时候，怀有一颗感恩之心，把挫折看成是一种磨砺，看做是自我不足的一种提示，拒绝抱怨，积极地去完善自我。唯有如此，我们才能真正地从挫折中走出来，以一种积极乐观的态度去面对一切，活出自我的风采。

事实上，无论我们遭遇到什么样的挫折，当我们拥有了一颗感恩之心，就会用一种乐观的心态去面对一切，激发出自身的正能量，让自我的人生变得更加快乐与幸福。

曾经有位老人，晚年不幸患了关节炎，这种病令他苦不堪言。后来病情加重，以至于行走都很困难，从此拐杖和轮椅便和他形影不离。即使如此，他还是用积极的态度和乐观的眼光看待周围所有的事物。

他的房间总是充满着笑声，而访客还是如旧时一般络绎不绝。

有时候，他想在床上多躺一会儿，于是，他的孙子们——4个不到10岁的小男孩就会围在床边。这时，他会说故事给其中一个听，与另一个玩扑克牌，再和一个玩游戏，同时，哄另一个睡觉。

最令人钦佩的是，他从不将自身的痛苦或烦扰变成家人的负担。到后来，病情变得更加糟糕，但他总是说：“我这把老骨头今天总算有点起色了。”他积极又乐观的态度，就好像磁铁，吸引了所有的人，让人不由自主地在他身旁流连。

这位老人为什么会如此呢？就是他始终怀有一颗感恩之心，并没有因为自己患上了这种疾病而觉得生活抛弃了他。

超越人生痛苦是人生的快乐秘籍，在使你的生活充满欢乐的同时，还能帮你造就卓越的成就。所以，若想成功，就得具备这种态度。用一颗感恩的心去面对一切，暂时忘记曾经的失败、挫折吧！倘若老是把目光停留在曾经的失败和挫折上，我们只能在痛苦和失意的人生河流中迷航。

拒绝抱怨，不如意恰恰是通往如意的桥

“人生不如意之事十有八九。”就像这句老话所说，在现实生活中，我们总是会遇到这样或者那样不如意的事，例如有不少的人在工作上努力勤奋，但所获得的薪水却跟付出不成正比；还有的人虽有着雄心壮志，一心想要做出一番成绩，却天不遂人愿……

在面对这种不如意之时，大多数人会怎么办呢？很多的人会抱怨，会发牢骚，觉得自己是多么的不幸，以至于变得难以认真地面对生活，变得消极悲观。其实，不管你如何的发牢骚、抱怨，都不可能改变现实。但是，这些不如意的事恰恰就是通往幸福与美满人生的如意桥梁。为什么这么说呢？佛语云：“有因必有果。”遇到的这些不如意之事，恰恰就是在提示我们在某些方面出现了问题，需要改进。

出现问题，只有妥善地解决问题，才能达到所期望的结果。人生的幸福与美满，说得简单一点，就是不断地发现自我的不足，

不断地修正与改进的过程。在生命中遇到困难挫折不如意的时候，必须拥有一颗感恩的心，用感恩去面对生命中的不如意。

在此，且不说生命中的不如意是人生中的过程，我们要感谢生命的恩赐；更为重要的一点，就是这些不如意的出现，预示了我们在做人做事的时候出现了问题，需要加以注意改正。这就如同我们在做一件事的时候，出现了问题，有人给予提醒，我们怎能不感谢呢？

在遇到不如意的事情时，怀有一颗感恩之心，懂得感恩，不仅仅会让我们意识到自身不足，还会让我们用一种积极乐观的心态去面对，进而把握住生命之中的主动，变不如意为如意。世界著名畅销书《未来世界》的作者赫伯脱·乔治·韦尔斯，就是因此而改变了人生，找到了人生的正能量，踏上了平坦的人生如意之途。

赫伯脱·乔治·韦尔斯出生在一个普通的家庭。父亲曾是职业曲棍球员，也曾开设过一家小规模的瓦器店，不过生意并不好。他就诞生在那家小店的内室里。这间内室是寝室，又兼做厨房，不但狭小，而且污秽、黑暗，只有从墙壁的漏缝里可以照射进一点亮光。

韦尔斯幼年时期的潦倒生活，始于家里那间小瓦器店倒闭的那年，为了生活，他的母亲不得不在一个富商家里当看门人，和其他仆人们住在一起，韦尔斯经常去探望母亲，这使他得以看清英国上层社会的本质，也体会到下层社会生活的艰辛。

在他13岁时就踏入社会：起初在一家杂货店里做伙计，每天早晨五点起来后先把店铺打扫干净，并把炉火生着，他一天要工作十四个小时，没有空闲时间。他一开始就认为这是一种贱役，强烈地鄙视这种生活。一个月后，经理把他辞退了，理由是不修边幅，对顾客缺乏热情。他愤愤不平地离开了这家杂货店，值得庆幸的是这下用不着自己辞职了。接着，他进了一家药店，仍然干些杂务，但一个月后又被辞退了。连辞退的理由也没有向他说。然后，他又找到了另一家杂货店的工作。这一次，他体会到生活问题的严峻，不敢随意任性，只好干了下去。但他总趁着无人防备的时候偷偷地躲到地窖里，阅读他所心爱的赫伯脱·史本塞的作品。

无论生活多么的艰难与不顺，但他从不抱怨，依然用一颗感恩之心去积极乐观地面对一切。不久后，他偷偷地给以前的教师写了一封凄怆动人的长信，倾吐他目前的境遇，并告诉他自己想自杀。这封信深深地打动了那位教师的心，他回了一封信，请他去担任教员。这是韦尔斯一生的第二个大转机。

不过幼年时期在杂货店的工作，也并非全都是没有意义的。韦尔斯向来懒惰，经过在杂货店两年多的锻炼，他变得勤快多了。

在韦尔斯成为教师之后，又遭逢一次突如其来的危险，事情是这样的：他担任一场足球比赛的裁判员，当比赛进入白热化时，他突然被一名球员撞倒，接着又被后来跑上来的球员当胸踩过，他的肺部和肾部因此受了重伤，一度奄奄一息。许多名医为此束手无策，他只好听天由命。但他竟然侥幸逃过一劫，成了一个半残废的人，并且过了十二年恐怖无助的日子。就是这十二年的痛苦生活，成就了他。

在这十二年内，他曾有五年疯狂地不断写作，可是，他写的东西实在太平凡无味了，他自己也明白，所以毅然地将它们全部付之一炬。

虽然他已半残废了，但是又另外获得了一个教职，这使他的生活稍微宽裕一些。在生物班里有一个美丽的女学生，韦尔斯对她一见钟情，这个女孩子和韦尔斯一样的娇弱。这段美丽的师生恋结出了丰硕的果实，他们终于结了婚，很愉快地生活在了一起。

韦尔斯自从被球员踏伤，并侥幸地逃过了一死后，开始发愤图强。他每年都有长篇巨著脱稿。这些著作终于发出绚烂的光芒，照遍了世界每一个角落。

他写作的地点不定，或在伦敦办公处，或在车上，或在一望无际白浪滚滚的地中海畔。总之，他随时随地都可以写。在法国，他租用了两幢别墅，一幢作写稿之用，另一幢作会客之用。他仅在晚间会客，因为白天要专心工作。

在当时可能谁也没有想到，就是当年的这个遭遇着诸多不幸，不如意之事的人，正是因为他拥有一颗感恩的心，积极而乐观地面对生活中的一切，将不如意变成了如意，成为了世界上闻名的畅销书作家。现今的他，稿费收入十分高，每天至少有一百万美元。

确实，人的一生总会遇到这样或者那样不尽如人意的事，这些事究竟是让我们变得更为不幸，还是让我们从此找到改变自我人生的跳板，让自我的人生产生质的飞跃呢？这一切都在于我们自己，在于我们是不是能够怀有一颗感恩之心用一种正确的态度去面对这些不如意的事。

不如意，恰恰就是通往如意的桥梁。请将这句话牢记在心中，让我们换一种心态，用一种感恩的心态去面对一切，从此踏上如意人生的桥，到达幸福与美满的人生的彼岸。

失败，其实是排除了一种不能成功的方法

虽说没有人喜欢失败，但是在我们的一生之中，又有谁能够确保一帆风顺，无论做什么都能获得成功呢？大多数人都明白这一点，也知道“失败是成功之母”，但令人遗憾的是，有些人一旦真正地遭遇到失败，就完完全全把它忘记了，在心底埋怨，自艾自怜地说什么自己是如何的不幸，生活对于自我是怎样的不公平。

遭遇失败不仅不是什么坏事，反而是件好事，只要我们拥有一颗感恩的心，用感恩的心态去看待失败。爱迪生是世界上最伟大的发明家，他的任何一项影响后世的发明又有哪一个不是经历过不知道多少次的失败才获得成功的。当他在发明电灯的时候，就曾经有过 N 多次的失败，有人劝他放弃，说他是不可能获得成功的。然而，他却笑着说他虽然看起来失败了，但是已经知道了有多种材料并不适合于做灯丝。

我们不得不佩服爱迪生的这种乐观精神，而他对待失败的这种态度，不正是源自于一颗感恩的心吗？用一颗感恩的心去面对失败，不仅仅会让我们正确地认识失败，还能够让我们发现失败的原因，总结失败的教训，从而避免失败的再一次发生，踏上成功的旅程。

我们的人生不是因为在做事的时候遭遇了失败而变得一无是处，恰恰是因为失败的出现，让我们在以后的道路上走得更为稳健、长远。你是不是还在为自己遭遇到失败而怨天尤人呢？现在，请你改变对待失败的态度，用一颗感恩的心去面对失败吧！如果你真的能做到这一点的话，你的人生就会充满阳光，你的生命也将会变得更为绚丽。在我们的身边，那些获得成功的卓越人士，无一不是对待失败怀有一颗感恩之心。

王韵和夏玲是同一期到某杂志社任职的，王韵是一位广告业务员，而夏玲则是编辑部的编辑。她们俩都是从来没有接触过媒体和汽车的女孩子，在工作岗位上有许多需要她们学习的东西。

夏玲是第一次接触编辑的工作，不过这对她来说并不困难，她负责的主要工作就是介绍各种汽车资讯、报道业界动态和关于车主的信息。看起来这些工作很复杂，但其实很轻松。比如上期杂志上一个介绍宝马汽车的栏目，内容丰富、资料翔实，深受读者的好评，制作起来也十分简单。

和夏玲相比，王韵的工作就没那么好做了。王韵一天到晚就是打很多电话与知名汽车生产、销售的负责人进行联系沟通，然后进一步洽谈广告业务。有时候，即使是打给同一个品牌汽车经销商的电话，王韵和夏玲所受到的礼遇也是截然不同。

有一次，王韵和夏玲先后打电话给韩国现代汽车在北京的代理商，夏玲让他们给自己提供一份千里马的详细配备资料，对方市场部的人很快就答应她在一周之内将资料寄给她。而王韵呢？打电话到广告部，想和他们谈谈合作登广告的事。对方先是很委婉地说他们的千里马已经在各大媒体上打过广告了，王韵告诉对方其读者群体是非常专业的，可以先在我们杂志上试一两期也无妨。然后对方就直接说："对不起，我们的广告全部由××公司全权代理，麻烦你打电话到那里去咨询。"王韵为此很郁闷，她认为自己无论声音、语气、礼貌用语和说话的逻辑层次都明显要比夏玲好得多，可为什么她能办得到的事而自己却办不到呢？

不过王韵不是一个轻易放弃的人，虽然一开始她总是被人拒绝，但是她积极地从失败中寻找经验，通过和不同的人打交道，不断地摸索累积在打电话时、和客户面对面谈业务时应该有的态度和说话技巧：一周什么时候、一天什么时候打电话成功概率最高；在给美国、日本和意大利等不同地域的品牌公司打电话时，受不同国家文化影响的负责人各自的风俗、习惯和喜好是什么；在遭到拒绝时，怎样判断是否还有挽回的余地；如果还能有机会挽回，又最好以什么样的姿态接着谈下去，等等。

因为善于反省失败的经验教训，王韵也逐渐从这些失败中成长起来，她被拒绝的次数越来越少，成功的机会越来越多，慢慢地，她成为了一位十分出色的广告业务员。几年后，王韵跳槽到了一家跨国的广告公司，做起了真正成功的广告经理人。而这时，夏玲还在杂志社编辑部四平八稳地做着编辑。

没错，任何一个人在生命的旅途中不可能没有失败的经历。但是，失败并不能代表什么，更不像大多数人所认为的那样自己是如何的不幸，并因为一次的失败而全盘地否定了自我。对一个真正对自我负责，对家人、对社会负责的人来说，他们在遇到失败的时候，绝对不会如此。他们总是以一种积极而乐观的心态面对，用一颗感恩的心面对，不为失败抱怨，而是为失败叫好，因为他们深知：失败，只不过是排除了一种不可能成功的办法而已。他们会因此积极地改变自我，去寻找通往成功殿堂的最佳途径。

困难是什么，是胜利发出的请帖

我们要想吃到鲜美的核桃肉，就必须敲碎坚硬的外壳。如果把顺利地吃到核桃肉比作是人生的成功，那么坚硬的外壳就是在通往成功的道路上所遇到的各种各样的困难。对于成功，人人皆渴望，并喜欢，但在通往成功的路途中存在的种种困难，就不怎么招人待见了。

如果没有那些困难该多好啊！相信有不少的人有着这样的想法。可是，如果真的没有困难，轻轻松松地获得了成功又有什么快乐可言呢？在这个世界上，真的会有不用遇到任何困难就能成功的事吗？

曾听说过这样一个故事。说的是有一个年轻人虽说满怀理想抱负，却总是在抱怨。其抱怨的原因就在于他的任何一个理想和抱负要想成为现实都存在这样的问题或者那样的困难。有一次，他正在为此而抱怨时，有位老人实在听不下去了。

老人说："你说了那么多的话，为什么不去做呢？"

年轻人回答道："你当我不想啊！可是你不知道将会遇到多少的问题和困难。"

听到年轻人这么说，老人有些不解，在仔细地盯着眼前的这位年轻人看了很长的一段时间后，问道："你想要没有任何的困难和问题是吗？"

年轻人点了点头。

老人说："好吧！我现在就带你去你想要的这样的地方。"

老人说完话便让年轻人跟他一起走。年轻人跟在了老人的身后。他们一前一后向郊区走去，不知道走了多久，出现在他们面前的是一片墓地。正当年轻人感到奇怪时，老人指着眼前的墓地说道："只有睡在这儿的人才不会有任何的问题和困难。"

相信大多数人都听过这个故事，在听到这个故事的时候也可能会发出会心的一笑。确实，正如故事中的老人所说的一样，除了那些已经躺在墓地的死人之外，又有谁不会遇到困难与问题呢？

困难或是问题，成功或是顺利，对于我们每一个人来说都是生命中的一部分，同样也只有如此才是真正的人生，丰富的人生，这就像是月有阴晴圆缺，有天晴就会有雨天一样。如果我们只是在意顺利，不希望自己遇到任何的困难，像这样的人生又怎么会丰满，又何尝不过于自私呢？

困难，是摆在我们每个人面前的一道坎，有的人在它面前无所畏惧，百折不挠，将困难视为生活对我们的一种考验，并使之转化为一种积极有利的因素；也有些人在遇到困难时就畏惧退缩，为之折服，并且抱怨，把困难当做是一种无法逾越的障碍，是自己停下脚步，放弃努力的理由。

心灵成熟并懂得感恩的人，绝不会让自己沉溺于困难当中，让它成为自己的阻碍，而是勇敢地去面对它、接受它，然后想办法克服它、解决它。他们不会去乞怜，不会绝望，也不会去找借口逃避，而是认清它，接受它，再改进它。

有一位叫纳达尼·包德奇的人，他生于1777年，享年65岁。他没有接受过任何教育，但是他在10岁之前，大部分都是以自修的方式学习拉丁文等语言和各种各样的知识，他能阅读牛顿的《数学原理》等艰深的书籍。到了21岁时，他已经是一位相当优秀的数学家了。由于他喜欢航海，又开始学习航海术。据说，在一次航程里，他教导全体船员（包括船上的厨师）如何用观察月亮与星座的关系来计算船舶的位置。后来，他写了一本有关航海术的书，并且成为经典之作。

就是这样一个没接受过多少教育的人做出了这样的成就可谓是一个奇迹，恐怕也没有人告诉他“要想当一名科学家，大学教育是不可或缺的训练”这样的话，因此他才能不顾一切向前冲，并且用自学的方式得到各种必要的训练。

这对于那些不懂得感恩的人来说几乎是不可能的，对他们而言困难是最好的挡箭牌。他们总是把自己失败的原因归咎于各种困难，比如没有接受过高等教育等，但事实上，即使他们上了大学，他们仍能为自己找出许多理由。

美国总统赫伯特·胡佛是爱荷华一名铁匠的儿子，后来又成了孤儿；IBM 的董事长托马斯·沃森，年轻时曾担任过书记员，每星期只赚两美元……这些困难都没让他们停下脚步。

对真正的强者而言，困难并不是令他们停下脚步的理由，困难不过是一句无聊的话。贫穷、失败、灾难都不能让他们停下脚步，他们永远向着自己的目标努力前行。

萧伯纳对那些时常抱怨环境不顺的人很不耐烦。他说：“人们时常抱怨自己的环境不顺，因此使他们没有什么成就。我是不相信这种说法的。假如你得不到所要的环境，可以制造出一个来啊。”

事实也是如此，假如每个人都认为环境不好，有诸多苦难，就会把自己的过失诿诸“缺陷”或种种其他原因，从而停下自己的脚步，并且理直气壮地说：“因为我没有……”但是，真正成熟的人是不会让自己被困难所阻碍的，反而在困难面前拥有更大的勇气。

永远不要在困难面前低头。你越是将思想集中于困难，这种困难就越是成长壮大，最终会成为你迈向成功的绊脚石。面对困难，你要积极、积极、再积极，用一颗感恩的心去面对，唯有如此，你才能在困难中发现解决困难的最好方法，在困难中得到不断的成长。这样，你就不仅迈过了困难这道坎，而且还会在以后的人生征程中获得更大的成功。

为压力叫好，它在逼迫我们不停地进步

在现实生活中，大多数人都会感到这样或者那样的压力。面对压力，我们该怎么办呢？对于大多数人来说，他们是在漫无目的地、消极地抱怨。但心存感恩的人绝不会如此，他们不仅不会因此而抱怨，反而会为出现的压力叫好。因为，他们知道抱怨是不可能缓解任何压力的，而出现压力则是表示自我在某些方面出现了问题，而要想让这压力消除，就必须积极面对出现的压力，寻找到引起压力的原因。

在我们的身边，有很多人就是如此让自我走出了压力的困境，一步步走向成功的。

某服装卖场，因为周围竞争压力增大，老板决定将导购员张欣的薪水和她的业绩相挂钩，也就是说，张欣做得好与坏将会直接影响到自己的收入。虽然这仅仅是我们常见的工资改革，但是对于张欣来说，产生了很多的压力。

面对这些压力，张欣的同事有的寻找更好的方法来吸引顾客，提高自己的业绩，有的同事干脆辞职了事，而唯独张欣，既没有寻找方法来提高自己的业绩，也没有辞职，另谋高就，面对这样的改变，她唯一做的事情就是抱怨。

刚开始的时候，她仅仅是对自己的同事抱怨：抱怨老板的精明、生意难做、日子难过、钱难挣……似乎在张欣的生活中，任何事情都可以成为她抱怨的理由和焦点。刚开始的时候，同事还随声附和两句，但是时间一长，大家都烦透了，一听到她说话，大家都纷纷避开，唯恐听到她的抱怨。

一看到没有同事理会她，她便把目标转向自己的顾客，于是一有顾客进来和她说话，她便“不失时机”地向顾客抱怨。谁都不喜欢听别人的“抱怨”，因此，顾客来了一批又一批，走了一批又一批，她的生意一宗都没有做成。

一个月下来，她的同事因为方法得当，业绩不错，拿的工资比改革之前还要多，唯独张欣吃了大亏，仅仅拿到了基本工资，业绩提成为零。

面对这个结果，张欣的压力越来越大，她很想把业绩提高，但是却一直没有找到方法，越是没有找到方法，她就越是向别人抱怨。抱怨越多，压力也就越大。

终于有一天，同事看不下去了，她开始批评张欣，并且告诉张欣：要想减轻压力最好的办法不是抱怨，而是寻找解决问题的办法，你现在业绩不好，所以你抱怨，如果你能提高自己的业绩，那么你还会抱怨吗？

听了同事的建议，张欣开始改变，果然，一个月下来，业绩开始有所上升，拿的工资多了，张欣心里也开朗了许多，抱怨也就少了很多。一年之后，张欣不仅停止了抱怨，而且成了这个店铺的店长。

在很多人看来，抱怨没有什么不好，甚至还能舒缓自己的压力。从短期来看，抱怨确实有这样的功效，但是我们不能忽视一个事实：一旦你开始抱怨，那么你将很难停止，甚至会愈演愈烈。举个很简单的例子，刚开始的时候，你每天可能只有 5 分钟在抱怨，但是一旦你“上瘾”了，每天可能有 50 分钟甚至是 5 个小时在抱怨。这样不仅浪费了你的时间，也影响了你的心情。无论哪一种，都会让你的压力增大。

那么在压力面前，该如何保证自己不抱怨，这就需要我们以一颗感恩的心去面对，并做到以下几点。

1. 及时释放压力

既然有压力，就想办法去释放压力。当然，释放压力的方法有很多，如听音乐、看书、旅游……不同的人可以选择适合自己的方法。

2. 将抱怨的苗头扼杀在摇篮之中

一旦你有了抱怨的苗头，就要想方设法将它扼杀在摇篮之中，不要让它肆虐。抱怨就好比病毒，一旦肆虐，就会给自己造成很大的麻烦，甚至还会传染给你身边的人，造成“重复性感染”。

3. 工作的时候，不妨抽时间好好休息一下

如果你真的觉得工作压力很大，那就定期抽个时间让自己好好休息一下，不要苛求自己去坚持高强度、高密度的工作。要知

道，任何一个人的承受能力都是有限的，一旦超过了这个限度，可能就会引起很不好的后果。

4. 降低自己的目标

如果你是因为自己的目标过于“崇高”而感觉压力很大，那么最好的办法就是降低自己的目标。很多人可能会觉得这样做是在“纵容”自己，其实不然，试想，如果你一直在抱怨自己，那么你的目标又如何能实现呢？甚至连一半都达不到，与其如此，不如主动降低，完成80%即可。

5. 寻求别人的帮助

如果你真的不知道如何让自己停止抱怨，不如寻找别人的帮助：家人的、朋友的、同事的、老板的、客户的……只要有人愿意帮你，你都可以接受。

其实，你真的有其他人没法比的地方

不用多说，我们都知道自信心的重要，在很多时候，很多人不能够把事情做好，并非由于自身能力欠缺，而是对自己少了一份信心，不敢相信自己所致。为什么没有信心呢？就是缺乏了感恩之心。

对于上面的这种说法，有不少人可能觉得不解，因为在他们看来感恩跟自信之间并没有什么关系。真的是这样吗？事实上，感恩不仅仅跟自信有着密切的关系，还是我们自信心的根源。为什么这么说呢？我们都知道，自信源于对自我长处的认识基础之上。怎样才能发现自我的长处呢？那就需要我们对自我有一个公平而客观的认识，不管是优点还是缺点都要有清晰地认识，也就是要全面地接受自我。如果我们没有一颗感恩的心，能做到这一点吗？

在我们身边，有很多人缺乏自信，原因就在于此，在于他们不能够客观而且公正地认识自我，总是在无形之中把目光聚焦在自己的不足之处，不停地抱怨、发牢骚。

事实上，没有人一无是处，每个人都有自己的某种优势：有的人善于分析，做事有条理；有的人充满了灵气，喜欢幻想；有的人则精于算计，善谋略；有的人喜欢表演……如果我们常怀一颗感恩之心去接受自我，就能够发现自己的优势，并充分发挥它们的作用，朝着自己的目标或方向前进，或早或晚我们必定会实现自己的目标。

要了解自己的特长和天赋，培育它进而发展它。如果所有的人都知道自己究竟长于做什么事，那么，他们都能在某个方面取得卓越成就。

著名作家朱自清是这样分析自己的，他认为自己缺乏写小说的才能，在他的散文集《背影》的自序中他写道："我写过诗，写过小说，写过散文。25 岁以前，我喜欢写诗，近几年诗情枯竭，搁笔已久……我觉得小说非常地难写，不用说长篇，就是短篇，那种严密的结构，我一辈子也写不出来。我不知道怎样处置我的材料，使它们各得其所。至于戏剧，我更始终不敢染指。我所写的大抵还是散文多。"因为深刻了解到自己在写小说和戏剧上的不足，所以朱自清选择把更多的精力投入到散文的写作中，也正因为如此，朱自清才能创作出许多脍炙人口的散文名作。

这是扬长避短最好的事例，但可惜的是，许多人并未发现自己的优势和才能，从而做事不得要领，学无所成，做无成果。

努力地去发掘自己的优势吧，客观地认识自己，了解自己的长处，发扬它，找到最适合自己的方向，走一条自己的路！

一位心理学家曾经说过，多数情绪低落，不能适应环境者，皆因无自知之明，他们自恨福浅，又处处要和别人相比，总是梦想如果能有别人的机缘，便将如何如何。固然，人人都能找出充分理由不满自己的遭遇，但真正的强者，是不会沉溺在这不幸的遭遇中的，而是想方设法从哪里跌倒就从哪里爬起。

历史上最激励人的成功事迹，多半是身有缺陷，境遇困难，但视之为生命的嘲弄，勇往直前不为之所困的人谱写的。掌握你的生命，高悬某种理想或希望，全力以赴，使自己的生活能配合一个目标。有许多人庸庸碌碌，默默以终，这是因为他们认为人生自有天定，从没想到可以创造人生。事实是人生存在世上，那是天定，好好利用自己的生活，使它朝着自己的计划和目标奋进，这样就成了人生。

如果你能摆脱对自身能力的怀疑，不管遇到什么困难，都会坚信自己一定能成功，那么最终你也一定能成功。要知道，你来到世间就是为了在人生上取得成功，对这一点不要有丝毫怀疑。只有领悟到这一点，不依赖他人的帮助，不断努力，才能成功。也许有人会说你不会成功，你生来就不是做某事的料，成功不是为你准备的，对于这些闲言碎语，你完全可以置之不理，你要用行动来证明自己的能力。

周围人对我们的判断，常常取决于我们的自我评价。对于那些非常自信的人来说，周围的人也会非常信任他，对一些非常胆怯，从来不相信自己，无法独立做出判断，总是依赖别人的意见的人，周围的人自然也不敢信任。

自我责备，自我贬低，是我们所知的最具破坏力的习惯之一。有些人经常以这样的方式伤害自己，似乎很乐意暗示自己是一个渺小的人，一个毫无价值的人。与别人相比，自己简直一无是处。

自信心是一个人至珍至贵的东西，只有信得过自己的人，他人才会把责任放心地托付到他身上。那些遇事害羞，缺乏胆量的年轻人，往往没有自信与判断力，其实，人来到世上，就应该堂堂正正地站立于天地之间，昂首挺胸，目视前方，毫无畏惧地面对生活。

艾默生说："如果一个人不自欺，也不被欺。"你拥有坚定和自信的个性，就不会自欺欺人。总是能对自我和生活做出积极的、实事求是的评价，就可以不断地塑造自己的品格。在生活中，不要无端地低估自己，鄙视自己。

应该牢记，自我轻视的态度从来没有造就出一个真正的男子汉，现在不会，将来也不会。当然，建立在渊博的知识、精明强干的能力和诚实守信基础上的自信，与建立在自我吹嘘、盲目乐观基础上的自高自大，有着天壤之别。自信使我们竭尽全力，有条不紊地做自己的事，而自高自大则令人讨厌，最后一事无成。一个人能自我尊重，对自己的个性作出积极的评价，可以为生活保驾护航，不仅可以有效地纠正不良倾向，还可以在人生之路上避免错误的选择，避免失败。

不管一个人多么贫穷，只要他在不断进步，即便是缓慢的进步，生活也是健康向上，充满希望的。但是，一旦他不进步了，不再向更高、更深、更强的方向发展，生活就会变得死气沉沉、平庸无味。

永远不要承认失败和贫穷，坚信你神圣的权利，昂起头，勇敢地面对世界，无论遇到任何困难，都要坚定向前。如果连你自己都怀疑自己的能力，那么没有人会信任你。要坚信，自己生来就是为了完成这一任务。要发挥你所有的才能，激发你所有的潜力，去承担重大的责任。

总而言之，无论怎样，我们要在这个世界上成就自我的一番事业，就必须肯定自我，发现自我的长处与优点，并做到扬长避短，而这一切都是建立在一颗感恩之心的基础之上的，是对于生命的一种感恩。

心存感恩，就点亮了积极进取的人生之灯

法国作家阿兰说："烦恼是我们患的一种精神上的近视症，应该向远处看并保持积极乐观的心态，这样，我们的脚步就会更加坚定，内心也就更加泰然。"如果说困难、烦恼是人生的黑夜的话，那么源于感恩的心就是一盏积极进取的人生之灯。

因为当我们用一颗感恩的心去面对生命中的一切后，就会坦然地用一颗积极而乐观地心去面对一切，会激活战胜生活中所有挫折与烦恼的信心。

面对生活中的挫折和烦恼，信心就像一副盔甲，能够抵挡任何消极因素的进攻和侵蚀；面对困难，信心就像一把钥匙，打开

心锁勇往直前。一个浑身透着乐观自信的人，会像光芒四射的朝阳一样，穿透困难和挫折的迷雾，一往无前，所向披靡。

第一次参加家长会，幼儿园的老师说："你的儿子有多动症，在板凳上连三分钟都坐不了，你最好带他去医院看一看。"回家的路上，儿子问妈妈，老师都说了些什么，她鼻子一酸，差点流下泪来。因为全班30位小朋友，只有她的儿子表现最差；唯有对他，老师表现出不屑。然而她还是告诉她的儿子："老师表扬你了，说宝宝原来在板凳上坐不了一分钟，现在能坐三分钟了。其他的妈妈都非常羡慕你的妈妈，因为全班只有宝宝进步了。"那天晚上，她儿子由于高兴吃了两碗米饭，并且没让她喂。

儿子上小学了。家长会上，老师说："全班50名同学，这次数学考试，你儿子排在第40名，我们怀疑他智力上有些障碍，你最好能带他去医院查一查。"走出教室，她流下了眼泪。然而，当她回到家里，却对坐在桌前的儿子说："老师对你充满了信心。他说了，你并不是个笨孩子，只要能细心些，会超过你的同桌，这次你的同桌排在第21名。"说这话时，她发现，儿子黯淡的眼神一下子充满了光亮，沮丧的脸也一下子舒展开来。她甚至发现，从这以后，儿子温顺得让她吃惊，好像长大了许多。第二天上学时，去得比平时都要早。

孩子上了初中，又一次家长会。她坐在儿子的座位上，等着老师点她儿子的名字，因为每次家长会，她儿子的名字总是在差生的行列中被点到。然而，这次却出乎她的意料，直到家长会结束，都没听到她儿子的名字。她有些不习惯，临别去问老师，老师告诉她："按你儿子现在的成绩，考重点高中有点危险。"听了这话，她暗自惊喜地走出校门，此时，她发现儿子在等她。走在路上，她扶着儿子的肩膀，心里有一种说不出的甜蜜，她告诉儿子："班主任对你非常满意，他说了，只要你努力，很有希望考上重点高中。"

高中毕业了。第一批大学录取通知书下达时，学校打电话让她儿子到学校去一趟。她有一种预感，她儿子被第一批重点大学录取了，因为在报考时，她对儿子说过，相信他能考取重点大学。儿子从学校回来，把一封印有清华大学招生办公室的特快专递交到她的手里，突然，就转身跑到自己的房间里大哭起来，儿子边哭边说："妈妈，我知道我不是个聪明的孩子，可是，这个世界上只有你能欣赏我……尽管那是骗我的话。"听了这话，妈妈悲喜交加，再也按捺不住十几年来凝聚在心中的泪水，任它流下，打在手中的信上……

在孩子知道自己的错误并为此沮丧时，妈妈并没有责怪他，而是给予适时的鼓励，让孩子看到了希望的阳光。妈妈的话给了孩子很大的信心，就是这些信心，让孩子在以后的人生路途上，变得更加有力气，更加充满希望。他朝着希望一直向前走，最后，获得了成功。

这告诉我们做任何事都要有信心，只要有信心，任何事都有60%会成功，剩下的40%是靠努力而成的，而信心的来源在哪儿呢？不恰恰就是对生命的尊重与感激之情吗？

信心可以让我们在黑暗里看到光明；在沮丧中看到希望；在烦恼里看到高兴……

可以毫不夸张地说：信心是成功的圣火，信心是指路的明灯，信心是战胜一切的法宝。

只要有了信心，那些原本在我们生命里不可跨越的鸿沟，都可以迎刃而解。

每一个人，只要他还在生活、学习和思考，内心就应该充满信心、充满希望。只要你的心中还有信心和希望，那么，再大的困难、再大的挫折也能够战胜。

温家宝总理就常在关键时期特别强调“信心”二字。十一届全国人大第二次会议闭幕后，温总理在人民大会堂会见中外记者，在回答记者提问的我国应对金融危机的一揽子计划时指出：“实现这个计划，我依然认为：首要的还是要坚定信心。只有信心才能产生勇气和力量，只有勇气和力量才能战胜困难。我希望我们这次记者会能够开成一个振奋信心和传播信心的会，我想这应该是每位记者的良知和责任，也是人们的期望。”如是，国外主要媒体纷纷对温家宝总理的讲话进行了报道，时值全球陷入金融危机，中国经济的走向成为了关注焦点，至今“信心”二字仍常见中外媒体的报道中。

我相信这句“信心无敌”的名言，我更相信温总理说的“只有信心才能产生勇气和力量，只有勇气和力量才能战胜困难”鼓舞人心的教导。当我们对于生活中的一切持有感恩之心，勇于接受生活中的一切之后，就会在内心深处充满信心，用信心去战胜一切，开创属于自我人生的美丽与幸福。

第三章

净化心灵，找回真实的自我

不懂感恩，迟早会迷失在现实的丛林

在同一位朋友闲聊的时候，他说了这样一句话：“奔跑中迷失。”你是不是不理解这句话的意思呢？其实，他说的是现今很多人的一种生活状态：在努力地追求着自己美好的生活时却让自我变得失去了方向，迷茫起来。仔细想想，是不是如此呢？

这种“奔跑的迷失”恰恰就是现今我们诸多人感到不快乐的“毒素”。之所以如此，便是因为现实生活中的诱惑太多，抵挡不住诱惑，进而被一些不必要的欲望蒙蔽了心灵，致使人生的方向出现了偏离，一步步地陷入自我设置的难以自拔的陷阱。

法国作家莫泊桑曾经写过：人生森林里的迷人歧路，是由人类的本能、嗜好以及欲望造成的。如果你能在自己走上歧路之前，就先摒弃这些诱惑自己的本能、嗜好以及欲望，那么再迷人的歧路也就都无法诱惑你了。可是，又有几个人能在美梦即将实现之前，还硬下心肠，亲手去把它敲碎呢？

人只有在控制了自己的欲望，经得住各种诱惑之后，才能成就一番伟大的事业。而下面故事中的狐狸就是因为无法控制自己的欲望，才最终白白送了性命。

郁离子住在山里时养了几只老母鸡。有一天，突然半夜鸡叫，他出去一看，发现狐狸正在从鸡笼里往外拖鸡，郁离子连忙跑过去制止，狐狸则叼起鸡转身就跑，郁离子追得满头大汗，也没有追到狐狸。

郁离子回到家后，寻思：狐狸这次既然得了便宜，绝不会就这么罢休的，它一定还会来。于是第二天他就守在了鸡笼旁，等着狐狸。到了半夜，狐狸果然又来了，为了不把它惊走，郁离子沉住气，一直等到狐狸进了鸡笼又咬住了一只鸡后，才从后面把狐狸捉住了。

说来也怪，狐狸虽然被捉住了，可任凭郁离子怎么拉，它总是死命咬住鸡不放。郁离子不无感慨地说道："贪心的狐狸啊，你真可以说是至死不悟了，可是像你这样的事情还多着呢，那些贪心的人和你真可谓是半斤八两，相差不多啊！"

狐狸倘若能见好就收，它也不会轻易就被郁离子捉住了。狐狸的悲剧就在于它被诱惑迷住了眼睛，看不清真正潜藏的陷阱。而人与狐狸不同，人是有理智控制自己行为的，可如果由于诱惑的存在而让人丧失了理智，自己都控制不了自己的话，那么和狐狸又有什么差别呢？

诱惑是每个人心里的魔鬼，如果它出现，就会令你离危险越来越近，而防御它的唯一方法就是远离它，不给它任何机会靠近自己，不要让自己被它打败。

既然如此，我们该怎么抵挡诱惑，控制住自我的欲望呢？最好的良剂就是感恩。因为，我们抵挡不住诱惑，欲望太过于强盛，其根源在于太过于自私，遇到所有的事都是在替自我考虑，只知道索取而不懂得付出。想想看，什么事情都想着自己，什么样的好处都想要占，而这个世界上那些美好的东西又有那么多，心能不乱，能不迷失吗？这就像是一头饥饿的驴子在两堆草之间不知道如何选择，最终饿死在两堆草面前一样。

在这个充满了种种诱惑的社会中，当我们拥有了一颗感恩之心后，就会少一点自私，少一点索取，多一分付出，更为重要的是，会让我们做出正确的选择，有一个正确的人生追求方向。

“做正确的事比把事情做正确更为重要”，相信你也听过类似的话，人生亦是如此，只有当我们的人生方向正确了以后才可能有更为美丽而幸福的人生。感恩，就是确保我们人生方向正确的最坚实的基础。

人生，其实就是在面对各种各样的诱惑以及欲望时不断地选择与放弃的过程，而我们的人生也是由自我的选择与放弃所决定的。但是，在面临各种各样的选择时，我们总会不知道应该怎样下手，因为每一个选项对我们都有一定的诱惑力，特别是在现今的时代背景中，总会让我们在内心对自己所做出的选择产生怀疑、害怕，担心自己所做的选择是不是真的就是适合自我、真的是最好的。

我们总是为此而烦恼，从而变得犹豫、烦躁，并影响到我们做事的情绪，以至于很难去将一件事情做好。在这个时候，我们就必须给自我一点时间去思考，去认识自我，当我们对自我有了一个很好的认知之后，就会减少因此而带来的烦恼，并知道在面临选择与放弃时，应该做出怎样的判断，做出最适宜自我的选择，并促成自我的理想和抱负的实现，从而走向成功。比如，一个人希望成为有组织才能的领导，或者去当一名受人崇拜的演员，或是做一个有影响力的牧师。很显然，他不可能同时做到这些。在生活中两种期望可能是并不相容的，因而我们必须在两者之间做出选择。

一个人应该明白哪些事情适合自己，而哪些是不适合的。首先，要对自我有一个较为清晰的认知。这样做，才能做到真正尊重自己。长大成人以后，应该承担应有的责任和义务。

现实中有一些人总是希望将想象中的职业一一尝试。如果要他们进行选择，就会感到犹豫不决。一个人要想成就一番事业，就必须放弃自己想尝试的大部分职业，专心致志地去实现一个目标。

在放弃和压抑之间是存在着原则性区别的。一个人如果压抑自己所有的欲望和希望，认为它们根本不可能实现，那么就很可能走上一条悲剧性的道路。但敢于大胆放弃的人就不是这样，他们很清楚地认识到，那些欲望是根本不可能实现的，没有任何价值，在放弃之后，他们的内心会变得更为坚强有力。他们敢于直面人生，也清楚地知道自己为什么要那么做。“我知道在自己内心里仍然存在许多不成熟的观念，如果我放弃了成人的生活模式，我将会破坏自己或他人的生活。为了长久永恒的幸福，我宁愿放弃这些暂时的诱惑。”如果一个人能够这样对自己说，那么，他便不再感到内心的冲突和精神上的重负。

然而人们在心情不好时，会不自觉地把坏心情抱得更紧，从而无法从烦恼的死胡同中走出来。其实，不管外界的变化怎样，只要我们拥有一颗感恩之心，在对自我有了一个较为清晰的认知之后，再从自我的优缺点出发，寻找到自我努力的方向，让自身的这颗种子在合适的土壤中发芽生长，最终成就自我与众不同的人生。

你是贪得无厌的索取者吗

什么都想要，却又什么都不能要，很多时候这恰恰就是我们生活的写照。人生往往有太多的欲望，这也想要，那也想要，只会让我们生活得更加疲累。但是，生活中的许多人并不懂得这个道理，他们就像下面故事中的灵魂一样让自己永远生活在不满和欲望之中。

有一个人死去后见到了上帝，对上帝说："请您给我一个最好的形象，我将永远崇拜您。"

上帝仁慈地回答："好，你准备做人吧，这是世界上最好的形象。"

那个人问："做人有风险吗?"

"有，钩心斗角，残杀，诽谤，夭折，瘟疫……"

"那换一个吧!"

"那就做马吧。"

"做马有风险吗?"

"有，受鞭笞，被宰杀……"

"唉，请再换一个吧。"

"老虎。"

"老虎。"灵魂乐了，说，"老虎是兽中之王，它一定没风险。"

"不，老虎也有风险，有时被猎人杀，有一种小动物也是它的克星。”

“啊，上帝，我不想当动物了，不如做植物吧。”

“植物也有风险，树要遭砍伐，有毒的草被制成药物，无毒的草人兽食之。”

“啊，恕我斗胆，看来只有您没有风险了，请让我留在您身边吧。”

上帝哼了一声：“我也有风险，人世间难免有冤枉情，我也难免被人责问，时时不安。”说着，上帝顺手扯过一张鼠皮，包裹了这个灵魂，推下界来：“去吧，你做它正合适。”

太多的欲望只能酿成人生的一杯苦酒，如果我们不懂得感恩，不会满足，就会丧失掉最起码的快乐。当年在股市火爆的时候，许多炒股的人肯定都有过这样的经历，本来应该卖出的一只股票就是因为自己一时的贪念而丧失了抛出的最好时机，于是不得不忍受一个又一个跌停，最后在自己的手里变成了一只垃圾股。而自己对它的投资也打了水漂，原本还可以买一辆汽车的钱到最后连一只轮子都买不起了。

下面要讲述的故事会让你更好地明白这一点。

曾经有一个非常有钱的财主经常骑着马在大片的领地上逛，非常得意自己拥有这么多的财富。

有一次，他又骑着他心爱的马到处闲逛，看到一个老佃农正在树下捧着一碗饭在祷告。他跟他打招呼，老佃农回答说：“我正在做谢饭祷告呢！”

财主看着他碗中的食物，不以为然地说：“如果叫我吃这种东西，我才不要感谢呢！”

但老佃农回答说：“上帝供应了所有我要的东西，我觉得很感谢！”

老佃农接着又说：“我正在想你今天应该过来吧，我昨晚做了一个梦，有一个声音告诉我说，这个城镇里最富有的人今天晚上要死去了。我不知道是什么意思，但我想我应该告诉你。”

财主嗤之以鼻，说：“无聊，怎么可能呢？”说完就走开了。

财主口中虽然斥责老佃农，但脑中却不断回响着老佃农的信息：很明显，他是这个城镇里最有钱的人，难道今晚他就要死了吗？

他越想越担心，越想越惶恐。于是，他找来医生，给他做详细的全身检查。医生说：“你强壮得很，没什么毛病，今晚不可能会死掉的。”

为了保险起见，医生留下来陪财主过夜。财主紧张得一个晚上都没睡好。到了早上，什么事都没发生，医生走了。财主因为自己居然为了老佃农的一个梦就这么紧张兮兮，觉得十分懊恼，自己憎恶起自己来。

你的钱财能替你带来像老佃农一样的快乐跟满足吗？拥有再多“生不带来，死不带去”的钱财，就算是真正的富有吗？恐怕未必。这个故事告诉我们，一个人不能什么都想要，这样活着岂不很累？不如干脆舍弃一些欲望，你就会得到更多。然而令人遗憾的是，在现实生活中，跟老佃农一样的人少之又少，像财主一样的人却比比皆是。前者，因为知道感恩，懂得满足而拥有了快乐，后者则只知道索取，忘却了感恩却使得自己的人生充满了苦恼与悔恨。

你是愿意自己的人生像佃农那样还是财主呢？毫无疑问，大多数人都愿意成为前者，在此，奉劝各位用一颗感恩的心去面对生活中的一切，接受生活中的一切，多一点点奉献之心，不要让欲望吞噬了心灵，成为贪得无厌的人。否则，你的人生也会因为无法满足的贪欲而充满了忧伤与不快。因为，欲望是无止境的，我们有着太多的需求，面对着太多的诱惑。然而，在我们的欲望得到满足的同时，也会迷失自我，并产生一种错觉，认为财富和地位代表了自己的一切。可是当所有的一切都失去时，我们的精神就会张皇失措，无所依靠。

我们每个人真正的价值，可以根据轻贱和重视的对象来衡量。生命是我们最大的财富，已经与我们同在了。许多人为了追求财富和权力，碰得头破血流，然而他们却看不到，爱情、平常心和幸福都是人间的瑰宝，没有任何土地或钱财能与这些无价之宝相比。

在纽约有一座闻名世界的自然历史博物馆。这座博物馆是由100多个基金会、200多家大公司及50多万会员鼎力支持的民营机构，收藏了数十万件价值连城的物品。摩根第一次去参观时，刚好在一楼的摩根纪念馆欣赏闪光晶亮的各种宝石。忽然，一位男导游迅速脱下夹克，盖在一块数百千克重的大石头的一个缺口上，再将带来的游客叫到跟前："你们看着，这只是一块普通石头吧！这位女士请你过来一下！”这位游客走到前面，导游将夹克像变魔术似的拿开，那女士伸头望了一下，不禁大声叫了起来。

随着这一声惊叫，摩根和其他游客拥上前去，想看个究竟。原来里面竟然是耀眼闪光的紫水晶。

导游说话了：“这块石头有个动人的故事。它原本是弃置在一个佛罗里达人家的后院里。有一天，主人因石头有碍观瞻，就叫人来将它搬走。谁知就在搬上卡车时，工人一时失手，石头掉在地上，碰裂了一个口，工人就像你们刚才一样，都叫了起来，因为这并不是一块普通的石头，而是一块紫水晶。主人知道真相后，平静地说：‘这块石头，我本来是要丢掉的。现在虽然发现它是宝物，想必是上帝的旨意，我一言既出，绝不反悔。我决定不占为己有，而将它送给博物馆，让更多的人来欣赏。’”

导游讲完故事后，全场肃静无声。

所以，我们要学会用一颗感恩的心去面对生活，去清除心中的贪婪。

学会感恩才会懂得深思

就像是天气有晴有雨，生活中有的是失败和坏情绪，我们虽然不能选择生命，但我们却可以选择对待生命的态度。人生路上难免会遇到消极的情绪，我们要学会怀着感恩的心去面对。

人的一生很多时候都是庸人自扰，有心理学家指出：大部分的压力都是毫无必要的，其中45%的担忧永远不会发生；35%的忧虑涉及过去所做的决定，根本无法改变；12%的忧虑是出于别人自卑感作祟的批评；只有8%的忧虑可以列入“合理的忧虑”范围。

现实中，有不少的人很容易因为看到别人穿金戴银、喝洋酒、开好车就心生嫉妒，想要与之攀比；他们很容易活在别人的阴影下，找不到真实的自己；他们更容易受到别人的影响，从而改变自己的生活方式。想想看，像这样一见到别人喝咖啡，自己就要去吃西餐；一看到别人中大奖，就跑去买彩票；生活怎么能不变得一团糟，不充满了各种各样的困惑和不满呢？

一个真正懂得感恩的人，绝对不会如此。无论社会如何变化，也不管充满了什么样的诱惑，他们总能保持住最为真实的自我，并因此而活出自我真正的风采，因为懂得感恩的他们会用一种很好的心态去接受生活中的一切，并在现实中学会反思，去弥补和改善自我的不足，进而增强自我的实力，去创造更为有意义、有价值的生活。

为什么这么说呢？因为只有当我们怀有一颗感恩之心，才能够真正地接受生活中的现实，才能潜下心来，戒除浮躁，用心去对待身边的人或事时，才能抓住机遇，寻找到真正属于自我的人生突破口。

苏美是一家饮品公司的文员，公司产品销势始终不火，后来经一位策划师“诊断”，败笔就在商标上，于是，公司把饮品的商标全部更改，再经过一番广告宣传，当年就使企业走出了低谷。小小一枚商标竟能让企业起死回生，这深深触动了苏美，使她渐渐对商标产生了浓厚兴趣。后来，苏美又在网上看到一组惊人数据：中国名牌商标“红塔山”和“海尔”的价值都在400亿元以上！而国外的“可口可乐”和“万宝路”之类的品牌商标，价值更是高达数百亿美元。掌握了这些信息，苏美不由心里一动，一个大胆的念头在她脑子里产生了：能否也注册一些好商标卖给需要的商家呢？听朋友说注册一个商标只需花2000元，苏美就用自己的名字设计出一个商标，试着去商标局注册。但根据当时的《商标法》规定，并不允许个人注册商标。无奈，苏美只得掐灭了这个“不切实际”的创富梦。

2001年，新修改的《商标法》开始实施，个人也能注册商标。听到这个消息苏美惊喜异常，她来到商标局，倾尽所有，一口气申请了17个商标，因其中有8个已被人注册，最后获得商标局批准的只有9个。

2003年4月，令苏美望眼欲穿的9个商标终于顺利批下来了。接着，她制作了一个简易的网页挂上中国商标网，把9个商标制作成高清晰图片放在这个网页上，信息刚上网一星期，竟有4位商界人士打来了电话。其中一位珠海制衣企业的老板表示，愿意出90000元买下其中一个商标；当月，她的“韧牌”商标被温州一家机电企业以10万元高价买走。

不久，苏美注册的第二批商标又出售了，有了两次成功出售商标的经历，刘美不再急于转手出售，而是让自己颇具创意的商标待价而沽。同时，她索性辞去工作，做起了新潮的“职业商标注册人”。

从2003年拿到第一批商标至今，苏美已经成功卖出了几百枚商标，这些蕴藏着惊人财富的小商标大多是她自己设计和注册的。如今，她不但坐拥300万元的惊人财富和私有房车，手中还藏着几个不轻易示人的“黄金商标”。她透露说，这几个商标的设计都和2008年北京奥运会有关，推延一两年出手会更值钱。

处处留心皆机遇，人生的机遇可能会以多种方式降临在我们身上。只要我们能够让自我戒除烦躁之心，让自我的速度稍稍放慢，便能够练就一双慧眼，学会从平凡的小事中寻找机遇。

当年红军穿的草鞋已经成为一种时代精神的象征，而今天的草鞋却成为一种时尚。

这种草鞋的材质和外形很吸引人，质量也十分结实，即使经过海水冲泡也不会掉色。草鞋的原料是玉米皮。先将玉米皮编成草辫子，再编织成鞋后，就会有相当的韧性。在山东莱西，很多农民都精通这种草鞋做法。

在很多农村，每年都会有大量废弃的玉米皮，农民们就开始利用这种丰富的资源，创造新的价值。结果点“草”成金，变废为宝。草鞋的设计人是一位农民纪尚才，一次收玉米的时候，他忽然觉得白花花的玉米皮扔掉或烧掉可惜，于是就想，能不能用玉米皮来做鞋。

最初的草鞋没加塑胶底，在室内穿不久就会坏掉。后来设计了底之后，即能走出户外，还能耐磨耐水，就这改进的一小步，使草鞋的价格翻了一番，也做出了更大的市场。纪尚才的草鞋最先打入的市场是广州、义乌、上海、北京、杭州，草鞋的零售价格在100元左右，批发价格则只有25~28元。纪尚才的草鞋厂每年销量达几十万双，要用掉上百吨的玉米皮。

中国结，吉祥结，十字结，六心结，这些都是巧手农民的拿手好戏，也是外国客商喜欢的中国特色。当地人用自纺的棉线做成鞋帮面，解决了草鞋帮磨脚的问题。然后把草编工艺和中国结工艺巧妙结合，使小草鞋以每双20美元的价格打入了国际市场。

草鞋的加工原料本是最不起眼的农作物，制作方法也是人们很熟悉的手工编织，但正是巧用资源、巧妙的设计使草鞋成为时尚。从一文不值的玉米皮到几十元甚至上百元一双的草鞋，这个价值的提升提示我们，只要留心，处处皆机遇。

从上面的事例中，我们进一步知道了：在通往成功的旅途之中，我们只有勇于接受现实，怀有一颗感恩之心，才能让自己的心平静下来，才能真正地学会思考，才能发现和把握良好的人生发展机遇，进而成就自我卓越的人生。

慢半拍，让感恩之心找回失去的自我

我们都希望成功，都希望自己的生活过得越来越好。对于生活美好的追求没错，但是太过于急于求成就会让我们在奔跑中迷失自我，迷失方向，难以获得成功。

张亮从学校毕业后在一家文化公司找到了一份工作。他所在的这家文化公司发展的主要业务是为企业做培训。张亮的主要工作就是联系一些有意向要进行培训的企业。张亮是一个很聪明的年轻人，或许是因为运气好，虽然这是他所做的第一份工作，但是业绩却相当的不错。

一来二去，张亮对自己的工作流程以及公司的操作运营模式有了一定的了解。他觉得这很简单，就是找一个讲师，再给一些人打电话或者发 E-mail 联系他们来听课就可以了。他觉得凭借自己的能力完全有能力自己开这样一家公司，并且会做得比现在所在的公司还要好。

张亮是这么想的，也是这么做的。他辞去了工作，开始了创业，注册开了一家类似以前工作过的公司那种类型的公司。

他的行动能力很强，在设计了几个课程并且寻找到了讲师后就开始招生了。

俗话说得好，“看花容易绣花难”。当张亮在着手进行招生工作的时候，便发现事情并非像他所想象的那般简单。他和他所雇请来的人都遇到一个相同的问题，那就是在他们刚刚想向对方传递出自己公司所开设的课程信息时，对方在开始的时候还有些兴趣，但听到他们公司的名字之后就婉言拒绝了。

这使得张亮十分着急，因为他开公司的资金大部分是借来的，如果没能找到生源的话，他即有可能使新开的公司就此关门。

从那时开始，他每天都在想着怎样才能使自己从这种困境中解脱出来。他向一些人询问意见。他的人缘还真的不错，有许多人热心地给他提了一些建议。他觉得那些建议都还不错，在面对这些建议时，他又不知道自己该选择哪个了。

在犹豫了一段时间之后，看着眼前的情景，感到压力越来越大的他，也没有做过多的考虑，便试着按着他人所说的一些建议去做。但最后还是没有能够挽救他所开的那家公司的命运。因为他在众多的建议中迷失了自己的方向，以至于自己都不知道该做什么不该做什么了。

在现实生活中类似张亮的人不在少数，他们强烈地渴望获得成功，然而恰恰是因为他们对成功的渴望太过于急切，以至于他们在看待他人所取得的成绩时，所看到的只是一种表面现象，因此，他们觉得很简单，自己也完全有能力做好。可是，当他们真的操作起来之后，才发觉完完全全不是像自己所想象的那般简单。在这个时候，他们就有些骑虎难下了。他们想从这种困境中解脱出来的心情便更为强烈。俗话说得好：病急乱投医。他们便会去寻找各种各样的方法和策略，当然，他们希望这些策略和方法会令他们在短时间内解决问题。当他们按着这些方法和策略做了一段时间并没有达到自己想要的目的之时，又会去尝试着用另一种方法和策略。当然，这个新的方法和策略在短时间内没取得好的效果之后，他们又会寻找和按着其他的一些新的方法和策略去做。

他们在不停地尝试，在不停地努力，并非全心付出地努力，最后的结果就是让自我迷失在了这些方法和策略之中，找不到自我，使得自己所做的一切离自己预先所确立的目标越来越远。

从上面的事例与分析中，我们知道，在现今的环境中，我们要想获得成功，并不取决于我们对成功的渴望有多么强烈，而是取决我们是否能够在通往成功的路程之时，让自我放慢一点速度，真正地寻找到自我的目标，并且制订出切实可行的执行计划，以及先看看自己是否有能力把事情做好。否则的话，就可能会因此而迷失自我，不仅与成功无缘，反而还会令自我陷入人生的发展困境之中。

感谢生活赐予我们的一切，勇于接受生活给予我们的一切，当我们用一颗感恩的心去面对一切时，我们就能够认真审视自我，了解自我，对自己的优势与劣势都有一个很好的认识，然后再为自己制定出新的方向与目标，包括自己的职业选择、发展取向、近期打算、长远目标、成功的自我形象等，在这些众多定位目标的带领下，逐步提高自我、完善自我。这可以说是我们对自己的人生定位。这也是我们在现今的社会中获取成功所必须做的。

取乎于上，得之于中；取乎于中，得之于下。一个人能否有大的发展、大的作为，主要取决于我们个人的自我定位，而能否给予自我一个正确的定位，就不能缺少一颗感恩的心。这是在任何时候要想取得成功所必须遵循的法则，特别是在现今这个充满了竞争、充满了各种各样机遇诱惑的社会，我们更要做到这一点。

生命中的另一种责任感

人生，其实就是一种责任，世上有许多事情是我们无法控制的，但我们至少可以控制自己的行为。如果不对自己过去的行为负责，我们就不可能对自己的未来负责。一个真正懂得感恩的人，同样是一个勇于承担责任、敢于承担责任的人。

说到责任，不少人会想到很多很多，例如对于家庭的责任、社会的责任、工作的责任等。面对公司给予的工作，我们应该做的是承担起自己的那份责任。我们每个人都应该对自己所担负的工作充满责任感。

担负职责是一种很好的感恩行为。众所周知：公司是由员工组成的团体，在这个团体中大家有着一致的目标和共同的利益。公司里的每一分子小到卫生清洁人员，大到执行总监都肩负着公司生死存亡、兴衰成败的重要职责，因而，无论职位的高低，薪水的多少，都应该具备较强的责任感。当然，拥有较强的责任感就意味着你必须拥有一颗感恩的心。

很多员工认为与公司之间只存在着一种雇佣关系，自己为公司做事，公司付出一定的报酬，这是一种等价交换，双方不存在除此以外的任何关系。对于能够获得这份工作，没有一丝感恩之情，这种错误的观念必然会导致不负责任的工作态度的出现，因为他们永远也意识不到：感恩能够让我们担负起应尽的责任，感恩能够让我们获得薪水以外的东西。

王峰的事例便能证明：对于一个真正懂得感恩的人来说，认真履行职责是一件理所当然、义不容辞的事情。

王峰是一家大型仓储公司的普通仓储员，也是一个懂得感恩的人，无论做任何事情他都会踏踏实实、尽心尽力。王峰在公司主要负责冷冻物品的看管工作。一天深夜，王峰刚出去巡夜，就发现一个大仓库里浸满了水，原来的冰块几乎全部融化，根据以往的经验判断，断定是因为制冷设备的控制开关和水泵水压开关不协调。他赶忙跑到制冷设备旁一看，发现融化的水已经快淹没动力电源的开关口了，若不赶紧采取措施，将会发生动力电缆短路的问题，这将会给公司带来巨大的经济损失。在这种情况下，他置个人安危于不顾，踏入水中，控制住了水泵阀门，防止水位继续上升。紧接着他拨打电话叫来最近的同事，共同将蔓延开来的水尽力排干，重新启动制冷设备。当负责电力设备的人员赶到时，他已经将出现的问题处理妥当，此时，他已经冻得脸庞发紫，全身颤抖。上司闻讯赶到后，马上叫救护车将其送到了医院。

王峰认真负责的行为为公司避免了巨大的经济损失，维护了公司的信誉，因此他受到了公司的表扬和嘉奖，公司还将他从一个普通的仓库管理人员提升为公司部门经理。

王峰是一个懂得感恩的人，他将公司给予的工作看做是一种恩赐，一种馈赠。他知道接受了公司的馈赠，就要去回报，所以更加认真负责地工作，又因为认真负责的态度，为他带来了可喜的结果。所以，如果员工投入到感恩的良性循环中，那他的工作中将会充满爱和感激之情，继而营造出更加和谐的工作氛围，为公司、为自己带来更大的利益。

感恩就要承担起责任，承担起责任就会更加懂得感恩。感恩，作为一种精神、一种品质将成为我们每一个人做事的精神动力。尤其是在工作中，我们更应该怀着感恩的心。因为公司信任并提供给我们一份薪水和一个工作平台，给我们搭建了一个演艺精彩人生的舞台，因此我们应该责无旁贷地承担起所有的工作职责。

一个不负责任的员工往往不知道自己上班究竟是为了什么。他们每天在固定的时间上下班，浑浑噩噩地度过每一天，缺少思考和创新，就像玩偶一样机械地重复着碌碌无为的生活，对待工作明显带有应付和被动的迹象。他们在固定的时间领取自己的薪水，抱怨一番后，又接着上班。他们从不思索是否需要提升自己的工作能力，创造自己的一番事业，更不会思索是否对公司给予自己的怀有一份感激之情，他们缺少激情，缺少欢乐，有的只是被动和麻木。这样的人只是被动地去应付工作中的任务，机械地完成任务，将工作看做是一种负担和包袱，纯粹为了工作而工作，他们不可能在工作中担负起应有的责任。一个人一旦缺乏责任意识，那么缺乏的东西还会更多，比如，工作的热情、工作的态度、工作的效率，以及对企业的忠诚等。如果这样，给公司甚至给他们自己带来的损失将是不可估量的。所以，作为一个员工，有必要清楚自己的责任，更有必要担负自己的职责。

郭帅毕业之后便在福建一家制鞋厂打工。刚开始，他干劲十足，努力认真，由此获得了公司的赏识，从一个小工人做到了车间主管。但是，慢慢地，郭帅开始对工作懈怠起来，他不再像以前那样起早贪黑地工作，也不再像以前那样认真细致。他开始放松对自己的要求，由于他的松懈，下面的员工自然就更加放松了。日子就这样一天天过去，起初公司并没有注意到郭帅在车间的问题，因为公司给予了他很高的信任。

但是，之后发生的一件事情，将郭帅的弊病彻底暴露了出来。公司接到一笔单子，上司交给郭帅去做，客户要求这笔单子必须在规定日期内完成。郭帅心不在焉，根本没有把这项工作放在心上，下属因为没有主管的督促，更是慢慢悠悠地干活。

就这样到了交货的日期，当上司向郭帅要这批货时，郭帅顿时傻了眼，他只好请求老板宽限几天。上司不得不跟客户商谈，最终客户答应可以拖后几天。

接下来，郭帅不敢马虎大意，他天天督促工人快点干活，而工人也因为主管催得急，为了按时完成任务不得不降低产品的质量。结果是当客户验收产品时大发雷霆，原因就是产品大多是粗制滥造，根本不合格。客户说明情况，要求退回所有已交付的订金，并且要求赔偿他们的误工费。

上司气愤难当，找到郭帅，狠狠地训斥道：“你自己对这批产品满意吗?”郭帅自然不敢吭声。上司继续说：“你这种不负责任的态度会使你丢掉现在的工作，也可能使你一事无成。”

就这样郭帅被辞退了，而且还被公司要求赔偿相应的经济损失。

郭帅被辞退，原因不在于其能力不行，而在于其责任心不强。对责任的漠视使郭帅逐渐对公司失去了感恩之心，结果自己最后被企业所抛弃。社会学家戴维斯说：“放弃了自己对社会的责任，就意味着放弃了自身在这个社会中更好的生存机会。”

在工作中，一个人要想赢得公司的信任和尊重，就应该怀有感恩之心，勇敢地承担起责任。一个人即使没有良好的背景、优越的地位，只要能够认真负责地处理日常工作中的各项事务，就会赢得公司的敬重和信任。相反，一个人即使高高在上，却不敢承担应有的责任，不懂得感恩，丧失了基本的职业道德，就会遭到他人的鄙视和唾弃。可见，用感恩的心态去接受并承担起责任是多么重要。

员工和公司之间是一种基于责任的契约关系，而不单单是一种利益上的关系。因为一个人工作不仅仅是为了钱和生存，这是个人的一种需要，是个人实现人生价值的一个平台。工作和事业满足了个人自我实现的需要，而这是人最高层次的需要。同时，人们需要认同感和满足感，工作满足了人的这种需要。因此，我们应怀着一颗感恩的心，用自己的实际行动去担当责任，我们的内心和人生也会因此而变得丰满和充实。

一位成功的经营者曾经说过：“如果你能真正制好一枚别针，应该比你制造出粗陋的蒸汽机赚到的钱更多。”一直以来，人们根本没有领悟到它真正的含义：尽职尽责是取得成功的重要基础之一。

在工作中是否能够发挥你的长处，获得公司的重用，与你认真负责的态度是密不可分的。如果你已经选择了自己的工作，并且想有所作为，不想被人看轻，那么你就需要这种尽职尽责对待公司的精神。

各行各业都需要勤勤恳恳、尽职尽责的工作作风，因为它们是培养敬业精神的肥沃土壤。没有了职责和理想，工作就失去了它本身的光芒，生活就失去了它的意义。因此，无论现在你从事的是什么样的工作，普通的也好，令人羡慕的也罢，都要抱着感恩的心忠于职守，以取得更大的进步，为公司创造更多的价值。这就是人生给予我们的一种责任，也是感恩对于我们最起码的要求。

保持善良之心，人生才有无穷的动力

在生活中，没有人知道下一刻自己将会遇到什么样的事情，也不会知道将需要哪些人的帮助。因此，你必须时刻想着今天的作为将会成为明天的背景，也许因为今天你帮助了别人，在明天就变成了自己的道路。怀有一颗感恩之心，保持一颗善良之心，适时地给予他人帮助，其实就是在帮助你自己，会为自我的人生增添无穷的动力，会让我们的人生道路走得越远越好。

在一个漆黑的夜晚，没有月亮，也没有星星。琼斯因为有急事要去一个住在郊区的同事家，为赶时间，便抄近路走入一条偏僻的小巷。琼斯心里害怕得很，可是事已至此，只得硬着头皮向前走。走着走着，突然，琼斯发现前面有一处光亮，似乎是一个人提着一个灯笼在走，琼斯疾步赶了上去，正想打声招呼，却发现他是一个盲人，一手拿着一根竹竿小心翼翼地探路，一手提着一只灯笼。琼斯纳闷极了，忍不住问他："您自己看不见，为什么还要提个灯笼赶路？"

盲人缓缓地说道："这个问题不止一个人问我了，其实道理很简单，我提灯笼并不是为自己照路，而是让别人容易看到我，不会误撞到我，这样就可保护自己的安全。而且，这么多年来，由于我的灯笼为别人带来光亮，为别人引路，人们也常常热情地搀扶我，引领我走过一个又一个沟坎，使我免受许多危险。你看，我这不是既帮助了别人，也帮助了自己吗？所以，每到晚上出门，我总提着一盏灯笼。"

盲人说完，继续往前走，琼斯跟在他身边，再也没有说一句话，只是每有路障，琼斯都小心翼翼地扶他一把。该拐弯了，琼斯想对盲人说句感谢的话，却不知该怎样表达才好，末了，琼斯只说了一句"您走好"。

这时，琼斯发现天空似乎亮了好多……

以后，每当一个人走夜路时，琼斯就会想起那盏灯笼……

确实，在人生的道路上，我们需要感情的理解、安全的庇护、精神的安慰、生活的照顾、行为的支持。苦恼的时候，希望别人能接受自己的倾诉；成功的时候，希望别人能赞赏自己的成绩；危难的时候，希望别人能伸出援助之手；困惑的时候，希望别人能给予指点……

然而，慢慢地你会发现人对关爱的寻求不能无度，无度的欲望会给你带来麻烦，甚至使你受到惩罚。因为，当你需要他人关爱的同时，他人也需要你的关爱。如果你只想掠夺别人的关爱而不愿付出，你会发现人们已渐渐离你而去。于是，在你的周围危机四伏、险象环生，而你，却孑然一身，无依无靠，跌入孤独的深渊。

在日常生活中，我们要有一颗帮助别人的心，只有帮助过别人，别人才会在你危难之时向你伸出援手，从而令你化险为夷。

一名店主在门上贴了一个广告，上面写着“出售小狗”。这信息显然把孩子们吸引住了，一名小男孩出现在店主的广告牌下。

“小狗卖多少钱呢?”他问道。

“30~50美元不等。”

这个小男孩将手伸入口袋掏出一些零钱，“我有2.37美元，请允许我看看它们，好吗?”店主笑了笑，吹了声口哨，一名负责管理狗舍的女士便跑了出来，她身后跟着五只毛茸茸的小狗。其中有一只远远地落在后面。这名小男孩立即发现了那只落在后面的一跛一跛的小狗。“那只小狗有什么毛病吗?”

店主解释说：“那只小狗没有臀骨臼，所以它只能一跛一跛地走路。”

小男孩说：“就是那只小狗，我要买它。”

店主说：“你用不着花钱，如果你真的要它，我把它送给你好了。”

小男孩十分气愤，他瞪着店主的眼睛：“我不需要你把它送给我，那只狗和其他的狗价值应是一样的，我会付你全价。我现在就要付 2.37 美元，以后每月付 50 美分，直到付完为止。”

店主劝说道：“你真的用不着买这只狗，它根本不可能像别的狗那样又蹦又跳地陪你玩儿。”

听到这句话，小男孩弯下腰，卷起裤腿，露出他一只严重畸形的腿。他的左腿是跛的，靠一个大大的金属支架撑着。

他看着店主轻声说道：“嗯，我自己也跑不好，那只小狗需要有一个能理解它的人。”

爱是理解的别名，意味着一个主体渗入另一个主体的心灵中去。学会关爱他人，也是关爱自己。

你需要感情的理解，就应该学会理解别人的感情；你需要安全的庇护，就应该帮助别人排忧解难；你需要精神的安慰，就应该接受别人的倾诉；你需要生活的照顾，就应该力尽所能去关照别人；你需要行为的支持，就应该诚恳踏实地做人。

只有帮助他人，你才能把自己融入人群，获得友谊、信任、谅解和支持；只有帮助他人，你才能调整失衡的心态，解脱孤独的灵魂，走出无助的困境；只有帮助他人，你才能在人生的道路上，感到无限的快乐。

“小我”小成就，“大我”才有大成功

在我们的身边，有不少的人一开口就会说“我怎么样怎么样”，他们不仅仅是这么说的，在很多的时候也是把自我的利益放在首位。

为什么这么说呢？因为他们的这种表现是一种过于自私的表现，虽说自私总是存在于每个人的心里。自私心理不是很严重的人，通常情况下不会影响到自己的工作、生活，而有的人却因为自私心理过重而影响到自己的事业甚至人生，这样是不可取的。自私是人生的绊脚石，当你的自私心理过于膨胀时，它就变成了你人生的拦路虎。

刚刚大学毕业的小林到一家跨国集团公司面试，经过一轮又一轮的重重筛选后，包括小林在内的五个来自不同地方的应聘者，终于从数百名竞争对手中像大浪淘沙一般脱颖而出，成为进入最后一轮面试的佼佼者。

可以说这五个人都是精英，彼此各有所长、势均力敌，谁都可以胜任所要应聘的职务。也就是说，谁都有可能被录用，同时又都有可能被淘汰。正是如此，使得最后一轮的面试更具有悬念，越发显得激烈和残酷。

小林虽然身居众高手当中，但心里相对还是比较踏实的，凭借他在初试、复试、再复试中过关斩将，所向披靡的势头，成功获胜对他而言似乎完全没有问题。于是胜利的自信和喜悦提前写在小林的脸上。

按照招聘公司的规定，所有面试者要在那天上午九点钟准时到达面试现场。面对如此重要的机遇，所有应聘人员当中不仅没有人迟到，还都不约而同提前半小时就赶到了现场。距离面试还早，为了打破沉寂的僵局，这五个人还是勉强聚在了一起闲聊起来。面对眼前这些随时会威胁自己命运的对手，在交谈中彼此都显得矜持和保守，甚至夹杂着一点冷漠……

就这样大家有一句没一句地聊着。忽然，一个青年男子急急忙忙赶来了，青年男子的到来成了小林等五个人毫无内容的话题的借口，小林他们纳闷并惊奇地看着这个前几轮面试中都不曾见过的青年男子。男子似乎觉得有些尴尬，主动迎上前自我介绍说，他也是前来参加最后面试的，由于太粗心忘记带笔了。于是问小林等几人是否有笔，想借用填写一份表格。

本来竞争就够激烈了，半道又杀出一位“程咬金”。小林等人相视无言，要是不借给青年男子笔不就可以少个对手吗。于是小林等五人有心灵感应似的相互对视，最终没人吱声，尽管大家都带有钢笔……

稍后那个青年男子看见小林的口袋里别着一支钢笔，眼前立时掠过一丝惊喜：“先生，可以借你的笔用用吗？”小林显得手足无措，略有心虚地说：“先生，对不起，我的笔坏了。”

就在此时，这五个人中一直沉默寡言的“眼镜”走过来递给那个青年男子一支钢笔，并礼貌地说：“不好意思，刚才我的笔没墨水了，我掺了点自来水勉强可以写，你拿去用吧，可能字迹会淡一些。”

青年男子接过笔，十分感激地握着“眼镜”的手，弄得“眼镜”很不自在。见到这一情景，小林等四个人轮番用白眼对“眼镜”施以“注目礼”，不同的眼神传递着相同的意思——埋怨，大家都怪“眼镜”的一番义举让他们增加了一个对手。那个青年男子后来在纸上写了些什么，随即转身离去…

转眼间，约定的面试时间已经过去了二十分钟，面试接待室却丝毫不见动静。小林等人终于按捺不住了，就去找相关负责人了解情况，谁料到从经理室里走出来的竟然是那位后来赶到的青年男子：“面试结果已见分晓，这位先生被聘用了。”那位青年男子搭着“眼镜”的肩膀微笑着对小林等人说，接着他又不无遗憾地补充了几句：“本来，你们能过五关斩六将参加最后的面试，已经很是难能可贵了。但是很遗憾，是你们不给自己机会啊！”

小林等人这才如梦初醒，可惜已经太迟了。自私的他们因为小小的私心，断送了本可属于自己的机会，“眼镜”却由于他的无私成了这次应聘中唯一的幸运儿。

你现在对自私有了一定的了解了吧！自私是和我们的思想合为一体的。只要有欲有求，就不可能没有自私的念头萌生。可是当自私心理过重时，它可能令我们在追求中迷失，会让我们在有意或者是无意间伤害到其他的人。我们都知道，在任何的时代，要想获得更大的成功，不是一个人能办到的，如此一来，我们又怎么能够得到他人的帮助，又怎能取得较大的成就呢？

不仅仅如此，当我们只是考虑自我时，在看待问题，思考事情的时候其高度也有限。“小我”就是把自我放置在一个小山丘，而“大我”则是让自我站在泰山之巅，所取得的成就不言而喻。由此可见，要想让自己的人生有所突破，就必须战胜太强的自私心理，走出“小我”而成就“大我”。但怎样做呢？这就需要我们拥有一颗感恩的心，对于身边的一切都心存感激。“本立而道生”，这是古代的明训，而陆、王二人所提倡的“立夫其大者”也是这个意思。大的方面确立了，小的方面不立而自立。我们要想做英雄豪杰，自我的心理建设，不仅是“立本”与“正本”的功夫，更是成就天下事的思想，心存感恩面对一切，战胜自我过强的自私欲望，打破“小我”成就“大我”。

第四章

感恩与神奇的吸引力法则

尊重与信任，感恩待人之本

什么是对他人的尊重与信任？说得简单一些，就是用一颗感恩的心去对待他人，用一种低姿态出现在众人面前，表现得谦虚、平和，甚至是有一点愚笨，这样的人往往很容易获得对方的好感，并让对方有与之继续交往的欲望；如果表现出一副高高在上、舍我其谁的姿态，别说是跟他交朋友，即便是跟他多说两句话都不愿意。这就印证了一个道理：姿态低一点，人脉也就广一点。为什么这么说呢？原因就在于前者给人一种和善、稳重、受到尊重的感觉，后者则给人一种距离感，一种难以亲近的感觉。

那么什么是低姿态呢？有德的老者经常说，低姿态是一种谦虚，是一种尊敬，是一种友好，更是一种智慧。

一个满怀失望的年轻人千里迢迢来到法门寺对住持释圆和尚说："我一心一意要学丹青，但至今没有找到一个令我满意的老师，许多人都是徒有虚名，有的画技还不如我。"

释圆听了，淡淡一笑说："老僧虽然不懂丹青，但也颇爱收集一些名家精品。既然施主画技不比那些名家逊色，就烦请施主为老僧留下一幅墨宝吧。"

年轻人说："画什么呢？"

释圆说："老僧最大的嗜好，就是爱品茗饮茶，尤其喜欢那些造型流畅古朴的茶具。施主可否为我画一个茶杯和茶壶?”

年轻人听了，说：“这还不容易。”于是铺开宣纸寥寥数笔，就画成了一个倾斜的水壶正徐徐吐出一脉茶水来，注入那茶杯中去，年轻人问：“这幅您满意吗?”

释圆微微一笑，摇了摇头，说：“你画得是不错，只是将茶壶和茶杯的位置放错了，应该是茶杯在上，茶壶在下啊。”

年轻人听了，笑道：“大师为何如此糊涂，哪有茶杯往茶壶里注水的?”

释圆听了，说：“原来你懂得这个道理啊！你渴望自己的杯子里能注入那些丹青高手的香茗，但你总是将自己的杯子放得比那些茶壶还要高，香茗怎么能注入你的杯子呢？涧谷把自己放低，才能得到一脉流水，人只有把自己放低，才能吸纳别人的智慧和经验。”

如果把故事中的茶水比喻成人脉，那是不是也能得出这样一个结论：只有自己的姿态放低了，那么人脉才能被注到自己的生活当中？答案是肯定的。

但是很多人并不明白“低姿态”的意思，经常把“低姿态”和卑躬屈膝联系在一起，这两者是有本质性的区别的。以低姿态出现只是一种表象，是为了让对方从心理上感到一种满足，使他愿意合作。低姿态不是叫人完全卑躬屈膝，而是一种适时的低头，用一种迂回弯腰的方式来达到自己的目的。就像大海一样，只有姿态低一点，才能有涓涓万河流向自己。

俗话常说的“满瓶不动半瓶摇”、“大海默默，小溪潺潺”

也是这个道理。那些总是昂昂乎，巍巍乎，不可一世，不把任何人放在眼里的人，肯定是那些学识不高，道德不够的人；而真正的饱学之士，不管任何时候，任何地方，都会表现出他的修养，而这种修养就是低姿态，比如说古代的很多名臣贤相，都经常自称“山野村夫”，而正是这些“山野村夫”改变了历史的潮流，改写了历史。从他们的低姿态，反而让人看到他们的道德、学问和伟大。

其实，不仅仅是人这样，其他东西也这样，越是成熟的东西越是呈现“低姿态”。例如，稻穗成熟了，就垂下头来；果实丰满了，也是枝丫低垂；杨柳的枝条，也都是柔软低垂的，因此，任凭风吹雨打，只见树干背折，而未见柳树枝断。这就说明任何人、任何事只要能放低姿态，则凡事无往不利也。但“低姿态”的修养并不能在短时间里成功，必须要经历很长一段时间，将这种交际态度养成习惯以后才能长久拥有“低姿态”的修养，在社会上为人处世，才能得到更多的方便。

正所谓“树大招风，垂枝者劲”，人生在世，到底是选择昂首还是低头，就是一个人生的选择题，做对了，一生朋友成群，衣食无忧。做错了，则孤单一辈子。因为低头的人大都人见人爱，因为他低姿态；大声说话和小声说话的人，谁都喜爱小声说话的人，因为他低姿态。

除了上面所说的低姿态之外，懂得感恩的人在与人交往的过程中，还始终给予他人信任，不轻易对他人失望。但是实际上，很多事情是不可避免的，即使是我们自己也很难做得完满，所以没有必要把所有的过错归咎于他人，更不要将所有的失望都抛到他人的身上。在这个时候，我们要以一种积极的眼光去看别人，这样一切才会是美好的；反之，当它表现不良时，就会对别人造成无端的伤害。

只要我们对别人抱有希望，抱有积极的态度，生活就会变得美好，我们也会得到他们的喜爱。

有一位老人坐在一个小城镇边的公路旁。一位陌生人开车来到他的身边，把车停下来后，向他问道："老人家，请问这个镇叫什么名字？住在这里的居民属于哪种类型？因为我正在决定是否搬到这里来居住。"老人抬起头望了一下这位陌生人，反问道："那你现在住的那个小镇上的居民，属于哪一类的人呢？"

陌生人回答说："住的都是些不三不四的人。我们在那儿生活得很不愉快，因此打算搬到这儿来居住。"

"先生，这个小镇恐怕会让你感到失望，因为我们镇上的人跟他们完全一样。"这位老人显得有些漫不经心地说。

没过多久，又来了一位年轻人向老人打听同样的情况，老人又反问他同样的问题。这位年轻人回答说："啊，住在那儿的人都十分友好，我和家人在那儿度过了一段美好的时光，但我正在寻找一个比我以前居住的地方更有发展机会的城镇，因此我们搬出来了，尽管我们还很留恋以前那个地方。"

"年轻人，你非常幸运。居住在这里的人都是跟你差不多的人，相信你会喜欢上这个小镇，我们也非常欢迎你。"老人说道。

现实中有那么多不如意，我们为什么不用一颗感恩的心，以一种更为积极、达观、宽容、和善、友爱、健康的心态去看待人间诸事呢？为什么不多欣赏一下别人身上的优点，多给别人一点支持和鼓励，多为别人拍拍手，喝几声彩呢？我们每一个人都有自身的弱点或缺欠，让我们正视它们的存在，采取“方中有圆”的策略，求大同，存小异，伸出热情的双手帮助他们到达理想的彼岸，如此，不仅成全了别人，还由此获得了事业上和生活中的朋友，这是一件多么美好的事情。

尊重他人，不要轻易地对别人失望，试着给别人多一点信心。

君子以德报怨，宽恕曾经伤害过你的人

也许曾经有人冒犯了你，尽管已经过去很长的时间，但你仍然不能原谅他，你会跟朋友说：我一想起当年的事，至今还一肚子气，我不能原谅他，在街上遇见他会怎样？我会装作看不到，什么，叫我跟他打招呼？不，不，我宁愿绕路走。跟他和好？没有可能，如果有可能，我倒想为当年事讨个说法……

你累不累啊？我倒是觉得，你一直放不下的不是当年使你伤心的过错，也不是那个冒犯你的人，而是你自己。事情不管怎样，都已经过去，但你还日思夜想，甚至为此几度愤怒，伤了身体不说，还浪费了精力。

心存感恩的人同样是心胸宽广，宽恕那些曾经伤害过自己的人。古人曾经说过：“人之有德于我也，不可忘也；吾有德于人，

不可不忘也。”别人对我们的帮助千万不可忘记，别人若有愧对我们的地方也应该乐于忘记。老是对别人的坏处念念不忘的人，实际上受伤害最深的是他自己的心灵。这种人轻则内心充满抱怨，郁郁寡欢；重则自我折磨，甚至不惜疯狂报复，酿成大错。而那些“乐于忘记”的人不仅忘记了自己对别人的好，更难得的是他们忘记了别人对他们的不好，因此他们可以甩掉不必要的包袱，无牵无挂地轻松前进。

一个人，没有容人的肚量就不会有任何的成就。宽恕是一种艺术，宽恕别人不是懦弱，更不是无奈的举措。在短暂的生命里学会宽恕别人，能使生活中平添许多快乐，使人生更有意义。正因为有了宽容，我们的胸怀才能比天空更宽阔，才能尽容天下难容之事。

古希腊神话中有一位大英雄名叫海格里斯。一天他走在坎坷不平的山路上，发现脚边有个袋子似的东西很碍脚，于是踩了那东西一脚，谁知那东西不但没有被踩破，反而膨胀起来，加倍地扩大着。海格里斯恼羞成怒，操起一根碗口粗的木棒砸它，那东西竟然长大到把路堵死了。

正在这时，山中走出一位圣人，对海格里斯说：“朋友，快别动它，忘了它，离它远去吧！它叫仇恨袋，你不犯它，它变小如当初；你侵犯它，它就会膨胀起来，挡住你的路，与你敌对到底！”

我们生活在茫茫人世间，难免会与别人产生误会、摩擦。如果不注意，在我们心怀仇恨之时，仇恨便会悄悄成长，最终会堵塞通往成功的道路。所以我们一定要记着在自己的仇恨袋里装满宽容，那样我们就会少一分烦恼，多一分机遇。宽容别人也就是宽容自己。

美国总统林肯以伟大的业绩和完美的人格被后人所称颂，但他在成长道路上也曾因为凡事都好争个胜负而经历了不少的坎坷。他年轻时住在印第安纳州的一个小镇上，那时也许是年轻气盛，他不仅专找别人的缺点，还喜欢写信嘲弄别人，且故意把信丢在路旁，让人拾起来看，他的这种举措使得周围的绝大多数人都很厌恶他。后来他当了律师，仍然不时在报上发表文章为难他的反对者。有一回做得过了头，竟然“搬起石头砸了自己的脚”，将自己逼入了困境。

1942年秋天，林肯以匿名的方式在报纸上写了一篇讽刺文章，嘲笑当时的一位虚荣心很强且非常自以为是的爱尔兰籍政治家杰姆士·休斯。文章公开之后，在很长一段时间里都被市民们引为饭后谈资，惹得一向争强好胜的休斯大为恼火，打听出作者的姓名后，他立刻骑马赶到林肯的住处，要求与林肯来一次决斗。林肯虽然极不情愿，却也无法拒绝。身高手长的林肯选择了骑马使剑，请求陆军学校毕业的学生教授剑法，以应付这次决斗。后来在双方监护人的调解下，这场“恶战”才被阻止。

这件事给林肯的教训很大，他认识到批评别人、斥责别人，甚至诽谤别人是最愚蠢的人才会做的，而一个具有优秀品质并能克己的人，常常是抛弃恶意而满怀爱心的人。林肯从此改变了自己对人刻薄的做法。

林肯有一次斥责一位和同事发生激烈争吵的青年军官。他说：“任何决心想有所作为的人，绝不肯在私人争执上耗费时间。在跟别人正误参半的问题上，你要多让一点步；如果你确实是对的，就少让一点步。总之，不能失去自制。与其跟狗争道，被它咬一口，不如让它先走。就算宰了它，也治不好你的咬伤。”

最终，林肯以博大的胸怀赢得了民心，成了美国历史上伟大的总统之一。

因为具有容人之量，受损的一方并没有因自己的损失而大发雷霆，相反表现出宽宏大量、毫不计较的美德和风度。只有豁达大度、宽宏大量的人才能接受别人，善于与他人相处，也就能被别人理解和接受。

学会宽恕别人，是一种超脱，是自我性格力量的释放，是天高云淡，一片光明；具有容人之量是一种宽容，方能胸无芥蒂，吐纳百川；肚量大的人，心大，心宽，悲愁痛苦的情绪，都在嬉笑怒骂、咆哮大喊中被撕得粉碎。

豁达是一种开朗，是一种自信，可以给人智勇，使人消除烦恼，摆脱困境；豁达还是一种修养，一种理念，一种至高的精神境界。

历史上，成功的人物，并非有三头六臂，功力高强，而是他的肚量比一般人大，在别人犯错的时候，他可以宽恕别人。就像布袋和尚被人歌颂“大肚能容，容却人间多少事；笑口常开，笑尽人间古今愁”。

只有学会了怎样宽恕别人，你才能和别人交换信息和意见，并化敌为友，增添人生中的朋友和伙伴。宽恕和爱，这种人生感情只要肯付出给别人，终究会回报于自己。

没有谁真的跟你过不去

在现实中，经常会发生这样的事，一旦某人遭遇到失败或者挫折时，总会有人站出来，不管他们究竟出于什么意图，他们总是给予正遭遇失败和挫折的人批评与指责。此时，有人会沉溺于其中，从此一蹶不振；有的人可能会觉得对方是在针对自己，进而发生激烈的争论。其实，不管我们采取上面的任何一种说法，都无济于事。要告诉你的是，在这个世界上没有谁真的跟你过不去，反而你还要感谢他们，用一颗感恩的心去对待他们。

为什么这么说呢？

首先，他们所说的那些话并不全是没有任何的道理，如果你能换一种心态面对，就有可能从中找出问题所在，避免以后再犯类似的错误。其次，你的这种争论，不但不能解决任何问题，反而会影响到你们之间的关系，会使你们之间的矛盾升级。想想看，这样对自我、对他人有何益处呢？不是在给自己和他人找不痛快吗？

卡耐基说：你赢不了争论。要是输了，当然你就输了；如果赢了，还是输了。与人争论，并不是在向人显示自己的威风，确认自己的口才，而是在树立“敌人”，即使获得了胜利，却证明了你并不是一个会做人的人。一旦争论产生后，大多数人都会竭尽全力地去维护自己那些并不全面、不成熟的观点。对那些没有必要深究的问题，给予了太过于隆重的对待，激化了矛盾。

很多时候，我们不妨站在他人的立场考虑一下问题的实质，此时你会发现一个深刻的人生哲理：一场狂风暴雨般的唇枪舌剑过后，我们得到的仅仅是心烦意乱，而失去的却是彼此间亲密的情分，以后的日子里友谊将出现一种隔膜，彼此将日渐疏远。让你值得“庆幸”的是，你又多了一个“敌人”。俗话说得好：“多个朋友多条路，多个敌人多堵墙。”敌人树立后，人们将会有更多的机会，锻炼你们那“锐不可当”的口才了，也为自己的成功道路设置了一个障碍。

虽然与人相处双方意见不统一时难免会产生口舌之争，然而会做人的人，不会让这种争执成为破坏友谊的蛀虫，他们总是以和为贵，当收则收，给对方一个台阶下，从而赢得别人的好感，提高了自己在他人心目中的地位，人缘自然而然就会提高。

所以，会做人的人，在遇到此类事情时总会留一手，即使自己绝对占理或者是口才出类拔萃，他们也不愿步步紧逼，在关键时刻用一下怀柔政策，松下幸之助就是这么做的：

著名的日本松下集团的创始人松下幸之助出生于 1894 年，日本和歌山县的一个农民家庭。后来因为父母不幸相继去世，他 9 岁时便辍学当徒工糊口。在他 24 岁那年，创办了松下电气公司，历经重重磨难之后，终于变得兴旺发达。后来该公司每年的纳税额占了大阪市纳税总额的 60%，松下幸之助连续十几年都是日本纳税额最高的纳税人。1965 年，日本政府将“二等旭日重光勋章”颁发给松下幸之助，以表彰他作出的杰出贡献。1981 年，当松下幸之助 87 岁时，日本天皇又颁发给他“一级旭日大绶勋章”。他的形象，以日本实业家的身份，第一个登上了美国《时代》周刊的封面。到了 1985 年，松下电气公司的营业额超过三万亿日元，在日本同行中居第一位，在全世界居第三位。可见松下幸之助被日本同行尊称为“经营之神”是理所应当的。

但是又有多少人知道，松下幸之助批评人的时候可是毫不留情，甚至是破口大骂的。他的下属中不知道有多少人被他骂得无地自容。可是被骂的这些人中却没有人因此而辞职，反而更加积极地围绕在松下幸之助的周围，这是不是很让人费解？松下幸之助的员工对他既敬又怕，但是员工们一般都不会因为忍受不了松下幸之助的批评甚至是责骂而选择主动离职的。这是为什么呢？让我们看看下面一则故事吧，看完之后就会了解松下幸之助到底用什么秘密武器让部下矢至不渝地跟随了。

有一次，松下幸之助下属工厂的一位厂长做错了事情，给公司造成了不小的损失。松下幸之助被激怒了，只见他暴跳如雷，破口大骂，并边骂边用握在手里的火钳猛敲火炉，以致最后把火钳都敲弯了。他高亢的声调与语言的恐吓交织在一起，致使那位厂长支持不住晕厥了过去。松下叫人用酒将这位厂长灌醒，然后温和地对他说：“这火钳是为你而敲弯的，你可以回去了，但是必须弄直它才能走。”这时候那位厂长才松了一口气，只是把火钳弄直而已，这种体力上的惩戒是愿意接受的。

之后，松下幸之助叫秘书护送厂长走了。秘书送厂长回家后，又按松下幸之助的吩咐，偷偷地告诉厂长的太太千万要注意厂长的举动，以免他一时想不开，做出冲动的事情来。

过了几天后，松下幸之助就给这个厂长打电话："那天的事情已经过去了，以后好好干就行，另外我那根火钳你给弄直了没有?"

"弄直了，弄直了。"那边传来了厂长的笑声。

听到这样的话，松下幸之助又对这位厂长进行安慰。这件事情使那位厂长既为自己的过错而内疚，又对松下的恶骂感到害怕，因此拼命地工作，并且尽量减少纰漏。一段时间之后，他终于成为一个优秀的管理者。他很感谢那个火钳，那是松下幸之助给他的台阶啊!

班杰明·富兰克林曾说过："如果你老是抬杠、反驳，也许偶尔能获胜，但那是空间的胜利，因为你永远得不到对方的好感。"争论对双方来说，没有任何的好处，遇到与人发生争执时，不妨努力使自己去了解对方，给他人留足面子。争论无益于友情，在争论的影响下产生的结果只有两种：一是越来越坚信自己所持观点的正确性；二是基于面子即使意识到自己错了，出于维护自尊心也不会向他人低头认输，加之人固执的本性，双方距离会越来越远，争论结束也就意味着友情破裂。

如果想在批评中改变他人的看法或态度，那么你错得就有些太离谱了。每个人都有一种发自内心的优越感，总将自己的优越性带进与人相处的社交当中，造成一些不必要的麻烦。有些人能够主动服软给人一个台阶下，有人会认为很没有面子，而且也很懦弱。其实，这种看法完全错误，那并不是懦弱的象征，而是一种难能可贵的、可供称赞的美德，是一种超越“优越”与“权威”的体现，也是在社会上即将取得辉煌成就的前兆。

双方的立场已不再是开始时的并列，而是为双方共同设立了一个“敌人”。普天之下有一种人人缘最好，就是关键时刻给他人留个台阶下的人。

忠言逆耳，真心朋友才会说实话

生活中常有这样的事发生：有的人一听到别人对他的批评和劝告，就大发雷霆，他们不是去虚心听取，反省其身，却反唇相讥：“也不看看你自己是什么德行，却来教训我。”言外之意就是对方也有缺点，不配来批评他。须知“金无足赤，人无完人”，如果只允许没有过失的人批评自己，那么你终生都不会听到对你过失的批评意见了，一辈子也不会得到他人的帮助。久而久之，就会陷入孤立无援的境地。

在面对他人的批评之时，正确的态度是抛弃掉心中的成见，虚心倾听。因为，你要知道他们之所以这么说你，可能是为了你好！因为只有真心的朋友才会跟你说实话。

或许，他们所说的并不一定很对，但是无论怎样你都要保持一颗感恩的心，去虚心听取，最好的方法就是换一个角度，站在对方的角度去看待和思考问题，你或许就能够更明白对方的苦衷啦！

有时，面对同样一个物体，从不同的角度去看，形状是不同的。这是因为我们的立足点不同，视线也就不同，自然所看到的也就不同。

其实这个道理在人际交往中同样存在：同样一件事情，站在不同的立场上去看，结果也是不一样的。也正是因为结果不一样，我们常常和别人产生冲突。

有这样一个故事：

某年圣诞节到了，一位母亲在圣诞节带着5岁的儿子去买礼物。大街上回响着圣诞赞歌，橱窗里装饰着彩灯，乔装可爱的小精灵载歌载舞，商店里五光十色的玩具应有尽有。

“来，宝宝，看，多漂亮的圣诞夜景啊！”母亲对儿子说道，然而儿子却紧拽着她的衣角，呜呜地哭出声来。

“怎么了？宝贝，要是总哭个没完，圣诞精灵可就不到咱们这儿来啦！”

“我……我的鞋带开了……”

母亲不得不在人行道上蹲下身来，为儿子系好鞋带。母亲无意中抬起头来，啊，怎么什么都没有？——没有绚丽的彩灯，没有迷人的橱窗，没有圣诞礼物，也没有装饰丰富的餐桌……原来那些东西都太高了，孩子什么也看不见。落在他眼里的只是一双双粗大的脚和妇人们低低的裙摆，在那里互相摩擦、碰撞，过来过去……

这位母亲第一次从5岁儿子目光的高度眺望世界。她感到非常震惊，立刻起身把儿子抱了起来……

从此这位母亲牢记，再也不要把自己以为的“快乐”强加给儿子。“站在孩子的立场上看待问题”，母亲通过自己亲身的体会认识到了这一点。

不仅仅一位好母亲需要站在孩子的立场上看待问题，其实，我们每个人都需要站在他人的立场上看问题。只有换位思考、将心比心，才能够真正了解他人的所思所想，才能真正走进别人的内心，换取自己所需要的友情和人脉。进一步来说，在人脉交往中，我们绝不要轻易地将自己的喜好、逻辑强加于他人身上，站在不同的角度看风景，各有各的感受，冷暖自知。能站在他人的角度上看问题，多为他人着想的人，总是能赢得人们的喜爱和尊重。其实，人脉交往并不困难，只要我们愿意站在对方的角度和立场看问题即可。

有一次，戴尔·卡耐基在报上刊登了聘请一位秘书的广告。大约有三百封求职信涌来，内容几乎是一样的：“我看到周日早报上的广告，我希望应征这个职位，我今年二十几岁……”只有一位女士特别聪明，她并没有谈到她所想争取的，她谈的是卡耐基需要什么条件。她的信函是这样的：“敬启者：您所刊登的广告可能已引来两三百封回函，而我相信您一定很忙碌，没有时间一一阅读，因此，您只需拨个电话……我很乐意过来帮忙整理信件，以节省您宝贵的时间。我有15年的秘书经验……”

接下去她谈到过去几位重要的上司。卡耐基收到这封信，欣喜若狂。他立即打电话请她前来。卡耐基说，像她那样的人，真可谓是前程似锦。

真诚地从他人的角度看事情，就是一个人遇事要设身处地地站在别人的立场和处境思考问题，了解他人的观点和感受，体察和认知他人的情绪和情感，这样你就会发现你的人脉正在源源不断地来到你的身边。

有意思的是，在现实生活中，很多人都没能明白这一点，当有人说出自己有哪些不足时，往往会变得很生气，觉得对方瞧不起自己，是在故意找自己的不是。真的是这样吗？

我们在此时为什么不换一个思维和角度去看待他人所说的呢？换一种思维去想这件事呢？如果我们能够做到这一点，往往会很容易发现自我的不足之处，并发现很好的改正方法。

改正了自我的不足，不恰恰就是令自我更为完善吗？对于这样的批评和建议，我们又有什么理由不心存感激呢！

牢记他人之恩，反思自我之过

“他人对你做的好事，你要永远记住；你对他人做的好事，你要立即忘记。”我们要求自己健全人格，希望自己成为某种有思想的人，所以我们加强自身修养，经常做些好事，对别人施以仁爱。这样做可以提高自我意识，认识到自己善良的品质和积极的自我价值感。但是许多人在为他人做好事、行方便的时候，总会顺便告诉对方自己对别人也很好，心里悄悄地企盼着对方对自己有所肯定，甚至是回报。

《中庸》上说："尽己之谓忠，推己及人谓之恕。""尽己"即"克己"，先修养自身，而后"推己及人"。曾国藩说："己欲立而立人，己欲达而达人。"意思是：我要步步站稳，须知他人也要站得稳，这就是"立"。我要处处行通，须知他人也要行得通，这就是"达"。只有深刻地领会了这种人情世态，我们才能立己也立人，达己也达人。曾国藩处世，常以"恕"字自警，告诉自己要严格要求自己，无限地宽恕别人。

有一个风流浪子，二十年前曾是庙里的小沙弥，深得方丈宠爱。方丈将自己毕生所学全部传授于他，希望他能成为佛门弟子。但有一天他却动了凡心，偷偷跑下山，从此花街柳巷，放浪形骸。

二十年后的一个深夜，他从梦中惊醒，皎洁的月光洒在他的身上，他忏悔了，于是穿上衣服，快马加鞭赶到寺庙，找到方丈说："师父，你肯饶恕我，再收我做弟子吗？"方丈见到自己曾经宠爱的弟子如今竟是这般模样，叹了口气，摇摇头："不，你罪过深重，要想得到佛祖的饶恕，除非……"方丈信手一指供桌，"连桌子也会开花。"浪子失望地离开了。

第二天早上，方丈做完早课，来到佛堂，一下子惊呆了：供桌上开满了大簇大簇的花朵，佛堂里没有风，那些盛开的花朵却摇得厉害。方丈在瞬间大彻大悟，于是连忙下山寻找，可已经来不及了，浪子心灰意懒，重新堕入了他过去的生活。

供桌上的花，只短短地开了一天。夜里，方丈在悔恨中圆寂了，临终时说了下面这段话：这世上，没有什么歧途不能回头，没有什么错误不可以原谅。一个真心向善的念头，是最罕见的奇迹，好像佛桌上开的花。而让奇迹陨灭的，不是错误，而是一颗不肯相信、不肯宽恕的心。

方丈因为没有做到对弟子的“原谅”，所以，只能在悔恨中死去，而方丈最后说的几句话，道出了“原谅”对一个改过自新的人是何等的重要，最后他明白了，没有什么是不可以回头的，也没有什么是不可以原谅的，但没有做到。佛家讲求众生平等，人人皆是佛，虽然与《中庸》里的“仁”相去甚远，但也是同样的道理，就是要求人们在与他人交往中做到待人以宽，能够原谅和理解他人。

一位婆婆对刚娶进门的媳妇甚为不满，媳妇的一点小差错都会引起婆婆的勃然大怒。她一会儿抱怨媳妇厨艺不够精湛，连葱、蒜、韭菜都分不清；一会儿又抱怨媳妇根本无心打理家务，而且常常加班到半夜才回家，也不晓得是真的加班，还是在外面鬼混。她甚至连儿子感冒发烧也算到媳妇头上，抱怨连丈夫的身体都照顾不好，还怎么做人家老婆？

直到有一天，一个老朋友来到家里做客，婆婆又开始埋怨媳妇的不是，指着阳台上的衣服说：“我真不知道她妈妈是怎么教她的，连洗个衣服都洗不干净，你看看，衣服上斑斑点点的，她洗了老半天还是那个样子，真是浪费那些洗衣服的水！”

这位朋友听了婆婆的话之后，上阳台上仔细地瞧了一下，这才发现了问题的症结所在。他用抹布把窗户擦了擦，然后拉着婆婆再朝阳台望去，婆婆大吃一惊，那些晾在阳台上的衣服居然一下子都变干净了。婆婆这才明白，原来不是媳妇没有把衣服洗干净，而是家里的窗户脏了。

从此，她不再带着有色眼光看待媳妇，婆媳两人相处得越来越好。

老子说：“上善若水。”水有偌大的抵触性和包容性，也就是说不管君子与君子相处还是君子与小人相交，都应该做到以水的性格去宽恕别人，只有做到既能至刚又能至柔的态度去为人处世，那么，君子就能和君子相处融洽，也就能做到宽恕小人的过失，与之和谐相处，世间也就没有争端和烦恼了。

那么，如何才能在当今纷繁复杂的社会中达到这种心态呢？这就需要我们在与人交往之前，做到自我修养，增强自身的包容性，必须以宽容大度的气量去权衡他人。真正的君子是能做到这一点的，不管君子的这种心态是天生的还是在后天的学习中达到的，关键一点就是，君子之所以成为君子，是因为他做到了自我修养，做到了自我宽容和兼容他人，这是一般庸俗之人可望而不可即的。

所以，懂得感恩，用一颗宽容并蓄、宽容大度的心去面对身边的人，你离成功也就不远了。

真心对待曾给予你帮助的人

时下，常常会听到不少人在抱怨“没有真正的朋友”“朋友背叛自己”“不忠诚”等。虽然在我们的身边确实有一些小人，但是我们也应该自我反省一下：我是否对别人用真心了呢？我是否做到待人以诚、以心换心了呢？如果我们自己都没有做到这样，又怎么能要求别人对我们真诚呢？这就告诉我们一个人际交往的道理：要想获得朋友的真诚，必先付出自己的真诚。

“他人有心，予忖度之。”这是《孟子·齐桓晋文之事》里的名言，它其实也道破了让朋友欣赏你的不二法门，那就是懂得以心换心，站在对方的立场来考虑问题，用自己的真诚来赢得别人的真诚。

曾经有位心理学家列出了555个描写人的形容词，并且让那些接受调查的人指出其中哪些人品是他们最喜欢的和最讨厌的。最终他们选的最多的分别是“真诚”和“虚伪”。这个调查结果说明了一个问题：每个人都渴望真诚，希望在人际关系上以诚相待。因此，得出了这样一个结论：只有用真诚的态度去对待对方，才能赢得对方的信任，对方也才能用真诚的态度对待你。

刘备之所以能建立蜀国，与他待人的真诚分不开。因为他的真诚，赢得了很多英雄豪杰的心，那些英雄豪杰也愿意以诚相报。他面对英雄豪杰往往都能不计前嫌、以礼相待，他把自己的手下都当成了自己的兄弟，有话直说，坦坦荡荡。更为可贵的是，刘备对所有人都表现得很真诚，即便是对手也是如此。当然，别人对他也很真诚。这样纯洁的人际关系不正是我们所梦寐以求的吗？既然如此，我们为什么不从现在开始，换一种心态、换一个方法来对待别人呢？

人与人之间只有坦诚相见、真诚相待，彼此才能心心相印、才会肝胆相照。而虚伪带来的只能是半信半疑、敷衍了事、口是心非。以诚待人，会在人与人之间搭起一座心灵之桥，通过这座心灵之桥，会打开彼此的心门，交到你想要交的朋友。

有一次，一个瑞典顾客打着金利来的真丝领带去打网球，结果汗水使领带上的染料染坏了他的衬衫。之后这个顾客写信到金利来反映这个问题。曾宪梓知道了这个情况之后，亲自接见了这个客人，并很认真地和他解释说："真丝领带是不宜沾汗水的。因为所有丝质领带遇上带酸性的汗水时，都会出现脱色现象。"曾宪梓在请他进一步提出意见的同时，赔偿给了他新衬衫和新领带，并仔细地告诉这个客人一些关于领带和衬衫的使用知识。当这个客人和曾宪梓告别的时候激动地说："曾先生，我实在是佩服你对顾客的真诚，以前我也曾遇到过类似的情况而投诉其他的牌子，但都没有得到解决，这一次我实在是太开心、太惊喜了。"最终，这个顾客成了曾宪梓的好朋友，并且为他介绍了不少的生意。

还有一次是在20世纪60年代末期，当曾宪梓在做泰国真丝领带的时候，位于中国香港中环的龙子行是当时中等偏上的百货公司之一，和曾宪梓的关系也相当不错。有一次，曾宪梓因为急着要去泰国订购真丝领带的原料，临行前给龙子行订购泰国真丝领带的经理报了价。对方也及时预订了20打领带。不过因为时间关系，双方并没有签订书面协议，当曾宪梓在泰国进货的时候发现这里的原料已经上涨了不少，如果按照自己原来的报价将领带卖给龙子行，无论如何也赚不到钱，甚至还会赔掉运费。但曾宪梓想到做生意最关键的是“执事以信”，宁可自己亏本，也要信守承诺。于是曾宪梓还是按照口头协议的价格原数给龙子行送去了20打领带。

龙子行的老板知道了事情的来龙去脉之后，当即决定以后只做金利来的生意，不再销售其他品牌的产品。并且逢人就夸曾宪梓为人厚道，呼吁自己身边的朋友、合作伙伴和曾宪梓合作、交友。曾宪梓的人脉圈毫无疑问就扩大了。

这些都是名人成功历程中的一些小故事，可是从这些小故事中我们能明白这样一个道理：无论是做人做事还是交朋友，都要懂得以心换心，了解并且满足对方的心理需求。只有这样，才能换来真诚的人际关系。

现在有很多人都在抱怨：现在的人际关系变得非常复杂，交一个知心朋友真的很不容易。其实事情远没有他们想象中的复杂，只要我们为人真诚，同样能赢得对方的信任，也同样能把事情办好，更不用说交朋友了。这就是那些成功人士成功交际的不二法门。那么在人际交往中，到底什么是真诚呢？其实很简单，所谓真诚就是在行事和为人中要努力做到“真”和“诚”。所谓“真”就是说要真心对待，无论对方是一个人还是一件事，都要用你的真情打理，把你的真诚表露在这种打理过程中。而“诚”就是诚实，对人要诚恳相待。因为一个人只有真诚地对待他人，才会获得他人的信任和好感，自己的心情也才会变得开朗，和对方交往才能更上一层楼。

就像俗话所说的一样：“做事就是做人，要想成就一番大事，必须先做好一个人。”而要做好一个人，最关键的就是要拥有一颗感恩的心，懂得真诚，用自己的心去换取别人的心，用真诚去赢得别人的信任！

尽己所能，帮助你身边的每一个人

有这样一个故事：

一位虔诚的教徒受到天堂和地狱问题的启发，希望自己的生活过得更好，他找到先知伊利亚。

“哪里是天堂，哪里是地狱？”伊利亚没有回答他，拉着他的手穿过一条黑暗的通道，来到一座大厅。大厅里挤满了人，有穷人，也有富人。有的人衣衫褴褛，有的人珠光宝气。在大厅的中央支着一口大铁锅，里面盛满了汤，下面烧着火。整个大厅中散发着汤的香气。大锅周围挤着一群两腮凹进，带着饥饿目光的人，都在设法分到一勺汤喝。

但那勺子太长太重，饥饿的人们贪婪地拼命用勺子在锅里搅着，但谁也无法用勺子盛出来，即使是最强壮的人用勺子盛出来，也无法把勺子靠近嘴边去喝。有些鲁莽的家伙甚至烫了手和脸，还溅在旁边人的身上。于是大家争吵起来，人们竟挥舞着本来为了解决饥饿的长勺子大打出手。

先知伊利亚对那位教徒说："这就是地狱。"

他们离开了这座房子，再也不忍听他们身后恶魔般的喊声。他们又走进一条长长的黑暗的通道，进入另一间大厅。这里也有许多人，在大厅中央同样放着一大锅热汤。就像地狱里所见的一样，这里的勺子同样又长又重，但这里的人营养状况都很好。大厅里只听到勺子放入汤中的声音。这些人总是两人一对在工作：一个把勺子放入锅中又取出来，将汤给他的同伴喝。如果一个人觉得汤勺太重了，另外的人就过来帮忙。这样每个人都在安安静静地喝。当一个人喝饱了，就换另一个人。

先知伊利亚对他的教徒说："这就是天堂。"

不懂得感恩，心胸狭隘的自私鬼都在地狱中。因为自私不懂得分享的美好，无论如何谁也喝不到汤。如果你自私，就只能下地狱，挥舞大勺和其他的自私鬼们争斗，你们大打出手，可谁也喝不到汤。这就是自私者的结局，实在是可怜。如果你是一个无私的人，就会像天堂里的人一样，不仅别人能喝到汤，自己也能喝到汤，这就是无私带来的双赢。

我们都有这样一个深刻的体会，如果别人能给我带来愉快的感觉，我就会更倾向于与他交往。普遍存在的真理是，人们都愿意从对方身上得到使自己愉快的感觉。可是自私的人总是放不开，总觉得自己的东西来之不易，于是不愿与人分享快乐。渐渐地，别人对你失去了兴趣，他们在你身上再也得不到愉快的感觉。

然而令人遗憾的是，生活中常有这样一些人，一旦自己的利益受到了伤害，就不分青红皂白地要找他人算账，不管对方是出于什么原因，他都恨不得让对方在众人面前颜面扫地，才能解他心头之恨。这样的人可以看做是自私的人。

一个农场主的牛偷吃了一农夫家的庄稼，农夫为此十分生气，没有通知牛的主人就擅自把牛杀了。农场主得知此事后非常气愤，决定与农夫去理论。

农场主带着一个仆人上路了，不巧半路上遇到了寒流，主仆二人全身被冰霜覆盖，差点冻僵。当他们到达农夫家门口时，出来迎接他们的是农夫的妻子，丈夫外出还没有回来，农夫的妻子热情地招待主仆二人进屋烤火，等待她丈夫回来。

农场主进屋后，发现农夫家简陋的摆设，农夫妻子消瘦憔悴的脸，还有6个躲在桌椅后面窥视他的瘦得像猴儿一样的孩子，他选择了沉默。

过了不一会儿，农夫回来了，妻子告诉他，他们主仆二人是冒着狂风严寒来的。

农夫上前紧紧握着农场主的手，把他拉到了暖炉旁烤火。他的这一举动使原本想说明来意的农场主感动了，他又选择了沉默。农夫盛情地挽留他们留下来吃晚饭。“不过，我只能请两位吃些豆子。”农夫不好意思地说，“因为家里生活比较贫寒，没有什么好吃的东西，而由于起风牛没能宰好，所以……”

农夫的盛情令主仆二人难以推却。自始至终，仆人一直在等待主人开口向农夫因杀牛的事讨个说法，可农场主只跟这家人说说笑笑，“正事”却只字未提，这让仆人有些不解。

晚饭过后，天气仍然没有好转，农夫和妻子再三挽留主仆二人在家过夜。于是两人又在那里度过了一晚。

第二天早上，农妇为两人准备了黑咖啡、热豆子和面包，主仆俩吃饱后上路了。路上仆人责备农场主对此行来意闭口不提，农场主若有所思地赶着路，在仆人再三追问下，农场主说：“我本来想进门就狠狠地教训一下那个农夫，可是，他的爱心使我决定放弃了那个念头。你知道吗？凡事不能只想着自己，也许错误并不全在别人身上。”

的确，做人不能只为自己着想，要懂得施爱，这样你也可以得到别人的爱。做人双赢才是真正的赢。

姜太公为周王朝的建立立下了汗马功劳，按照他的说法就是：“天下不是一个人的天下，而是天下人的天下。同享天下利益的人而得天下，独占天下利益的人失去天下。”这种说法正是对“得道多助，失道寡助”的诠释。

忧他人之忧的人，人们同样会为他的烦恼而忧虑；以帮助他人为乐的人，他人也同样会乐于帮助他；把自己的快乐与他人分享的人，别人也快乐着他的快乐；以施恩于人为做人准则的人，别人同样会将恩惠赠送于他；以道德对待他人的人，人们同样会以同等的道德回报他。

爱别人就等于是爱自己，施恩于别人就等于把恩惠留给了自己。古代哲人曾经说："喜爱人们的人，人们也常常喜爱他。恭敬人们的人，人们也始终恭敬他。"

纵观古今中外，凡是有很大成就的人，哪一个不懂得人情世故；哪个人的周围没有"贵人"帮忙。所以说："施恩于人就等于把恩惠存进了银行，急需时再取出来。"

曾经有这样一种说法："上天唯独宠爱那些将爱心献给他人的人。"有人认为：把爱心给别人自己就吃亏了，要知道吃亏就是投资，吃亏在前，获利在后。先帮助别人，才能得到别人的帮助，记住：吃亏不是一味地吃亏，而是为了获利。一旦养成了服务他人的习惯，自己的思想意识不自觉地就会支配行动，形成良好的人生观，表现在行动上。如果你早已养成了助人为乐的好习惯，那么就坚持下去，如果你还没有意识到把爱心献给他人的重要性，现在就开始以此为准绳衡量自己的行为。

第五章

在感恩中迅速成长

活在当下，认认真真地面对任何一件事

在我们的身边，常常会看到这样一种人，无论做任何事，他们总是能拖就拖，不到万不得已，很少会动手去做。他们的这种做法，表面上看起来很聪明，为自己偷得了一段时间的清闲，却不知这片刻的清闲需要用更多的时间来弥补。

为什么会这样呢？有的人可能会说是责任心不强，也有的人会说那些事可能不是他们心里面想要做的事……说法有很多很多，但不管是哪种说法都只不过是一种借口而已，对于我们的人生百害而无一利。有很多的人，就是因为养成了这样的习惯而使得人生陷入了困境。

其实，无论是哪一种说法，很多人之所以养成拖拉的习惯，根本的原因在于他们缺乏一颗感恩之心，不能够正确地面对生活，对待人生的态度出了问题。一个真正懂得感恩的人，绝对不会如此。他们知道生命的意义所在，会珍惜现在所拥有的一切，也就是因为如此，他们会把握住当下，认真地度过每一分钟，认认真真地面对任何的事。

事实上，在这个世界上，我们所能真正拥有与把握住的也只有现在。

一位考古学家在古希腊的一座废墟里发现了一尊双面神像。他从来没见过这种神像，便忍不住问它：“你是什么神？

为什么会有两副面孔？”

神像回答：“人们都叫我双面神，我一面回望过去，汲取教训；一面则展望未来，充满憧憬。”

考古学家忍不住又问：“那么现在呢？”

“现在？”神像一愣，“我只看得见过去和未来，哪管得了现在啊！”

考古学家对他说：“过去的已经远去了，未来还没有到来，我们能把握的只有现在啊！你对过去总结得再好，对未来的构想再美好，如果不能把握现在，那又有什么意义呢？”

神像听了，恍然大悟：“你说得没错。我只关注过去和未来，却从来没想过现在，所以才被人们抛弃在废墟里啊！”

就像是伟大的学者霍勒斯·格里利所说：“过去的已成历史，未来还遥不可及，我们能把握的只有现在。”把握现在，活在当下并不是一件难事，只需要我们足够明快、果断，并且有信心。现在拿一张纸写上“从现在开始行动”，然后将它贴在你的书桌前、床头前、镜子上……这样只要一看见它，你就马上行动起来。慢慢地，你就会发现，你整个人都充满了热情和动力，只要你能坚持下去，就可以了。

我们都羡慕那些获得成功的人士，并希望自己能够获得他们一样的成就，却不知道在他们的身上有着同样的一个特质：认认真真地面对眼前的任何一件事，活在当下。我们羡慕他们，为什么不学习他们呢？

在格陵兰有一座爱德华机场。这座机场是为了纪念一位叫作爱德华·文森特的人而建的，因为他领悟了“生命就在生活里，在每天的每时每刻中”这个人生的真理，并在短短数年里开创了自己全新的人生。

爱德华·文森特住在底特律城，他曾经被忧虑深深困扰。爱德华出生在一个贫苦的家庭，从小就卖报纸补贴家用，成年后他在一家杂货店做店员，后来，他做了图书馆管理员，一干就是八年，但是微薄的薪水让他无法维持家里的开支，他需要一份薪水更高的工作。他终于鼓起勇气辞了职，开始自己创业。一年内，他就用借来的50美元净赚了2万美元。可是好景不长，一次投资的失败让他所有的财产瞬间化为乌有，同时还欠了1.6万美元的债务。

这突如其来的打击，几乎让他无法承受，忧虑让他得了一种奇怪的病。有一天，他在散步时突然昏倒在地，接着他的身体开始溃烂，就是躺在床上也痛苦万分。医生告诉他，他最多只能再活两个星期。爱德华听到这个消息后，十分震惊，然而这一切都已经无法挽回了。他写好了遗嘱，然后安静地等待着死亡的降临。

但是，极度痛苦后的宁静让他忘却了忧虑，奇迹就在这时发生了，由于不再忧虑，爱德华的胃口大开，饭量不仅迅速增加，而且他也能够像正常人一样睡眠了。就在这种状态下，两周过去了，死神不仅没有降临，他倒是可以拄着拐杖下地行走了。两个月之后，爱德华的身体神奇般地康复了，他离开了医院，找到了一份推销员的工作，打算重新开始自己的人生。

这时的爱德华，已经不再为过去的遭遇而难过，也不再为那不可知的未来担心，而是把自己全部的精力和热情投入到每天的工作中去。他的事业发展得非常迅速，短短数年，他就有了自己的公司，而且公司的股票在纽约股票市场上市。后来，为了纪念他，格陵兰特意用他的名字作为新建的机场名字。

懂得感恩的爱德华领悟了“生命就在生活里，在每天的每时每刻中”这个真理，所以他才能忘掉忧虑，把握他生命的最后两周。也正是这种领悟创造了奇迹，不仅让他生还下来，还让他获得了重生。

昨天不过是一场梦，明天也只是一个幻影，只有今天才是生命能量的源泉，才值得我们去珍惜和把握。茅盾说过：“过去的，让它过去，永远不要回顾；未来的，等来了时再说，不要空想；我们只抓住了现在，用我们现在的理解，做我们所应该做的。”

现在，就让我们怀有一颗感恩之心，去面对生命中的一切，做一个活在当下，认真面对眼前任何一件事的人。事实上，像我们这样去做，不仅仅是对生命的一种感谢，同样是对自我生命的一种尊重，更为重要的是，当我们认真地去面对生活中的每一件事情的时候，我们还会在做的过程中发觉到自我的不足，累积到更多经验，为明天把事情做得更好。我们的成功，不就是像这样一步一步累积的吗？

珍惜每一次机会，在实践中磨炼自我

对自己现有的工作不满，觉得不能体现出自我的价值，而频繁的跳槽，像这样的人在现实中举不胜举。他们这样做，似乎是为了追求自我更高的人生价值，殊不知，这种表现恰恰是一种不懂得感恩，拒绝自我成长的表现。

何子风跟张可是同学，他们之间的关系很好。在毕业找工作的时候，他们竟然向同一家公司投递了简历，并且同时被录用。这两个小伙子，在校期间的表现不分上下，如果真的要分出个孰优孰劣的话，何子风在某些方面要比张可强一些。

何子风和张可同时上班了。开始的时候，他们都对自己所做的工作充满了热情，可是随着时间的推移，张可倒是没有什么变化，还是像以前那样去面对工作，可是何子风却不能再静下心来了，老是觉得凭着自己的能力不应该做现在的事情，而是要做比现在更加重要的事。他有了些许怨言，并且在跟张可聊天的时候，常常会将心中的这种不满说出来。

张可当然是劝何子风不要埋怨，并且告诉何子风总有一天会被重用的。

何子风对张可的这种说法不以为然，反倒反问张可要等到什么时候。

何子风对自己的工作似乎越来越没有兴趣了，如果不是不想被辞退，恐怕他连手头上的工作都难以做下去。

一天，两天，转眼之间试用期就快结束了。很可惜的是何子风和张可两人之间只有一个人能留下来。毫无疑问留下的是张可。

何子风对于自己被辞退似乎并没有觉得是多大的损失，反而觉得像是解脱了一样。他兴奋地对张可说：终于解脱了，我终于能够去做自己想做的事了。

何子风想得很好，但是事实却并非如他所想象。从那家公司出来之后，何子风投入到新的一轮找工作的征途，但是他始终没有找到他所期望的能受到重用，一进公司就会去做一些重要事情的工作。

许多身在职场的年轻人，在不同程度上都会犯像上述何子风类似的错误，因为是初涉职场，虽然从他人的口中听说过一些职场的事，但是他们对真正的职场却是完全陌生的。在很多时候，他们相信自己所听说的一些关于职场的事便是真正的职场，也就是因为对职场的一知半解，再加上年轻人身上所特有的不同程度的热情和自信，他们难以真正地看清楚自己的实力，而将工作中的许多事情看得十分容易，相当自信的认为，自己完全有能力做好，并且会比现在正在做着这件事的人要做得更好。

他们在很多时候，确确实实是这么想的。当他们有了这种认识之后，便觉得自己现在所做的工作没有多大的意义，自己现在做的这些事情完完全全是在浪费自己的时间和精力。他们渴望做一些比现在更重要的事情。如果真的将那些他们认为自己完全有能力处理好的事情交付给他们做，他们真的能像他所认为的那样做好它吗？

他们似乎并没有考虑到这一点，只是觉得自己能。这种“觉得能”在很多时候是种感觉，是经不住实践的考验的。为什么这么说呢？无论我们在处理任何事情，解决任何问题的时候，都需要一定的条件，而这一条件就是我们是不是真的具备解决这一问题的能力。例如，我们在看到有人拉着满满的一三轮车的重物能轻松地爬上一个陡坡，但是我们是不是真的能够像他一样轻松地做到这一点呢？你或许觉得能。但是如果没有像对方一样的力气和蹬车的技巧，你再怎么觉得能，都是不可能做到的。

我们是不是真的有能力去做比现在更重要的事呢？这不是由感觉所决定的，而是取决于我们是不是有着能够将那件事情做好的能力。如果我们在工作中对自我认识不清，老是觉得很多的事情自己都能干好，一来二去便会觉得自己的能力得不到真正的发挥，并且还会有一种怀才不遇的心理。一旦我们有了这种想法之后，心中便会充满了抱怨，再也不能够静下心来将自己现在所做的工作做好。当然，我们连现在的一些基本的事情都没有做好，又怎么会有能力和时间去做比现在更重要的事情呢？这就像是还没有学会走，就想奔跑一样，注定会摔跤的。

不能够清晰地认识到自我的优缺点，并且老是觉得自己不错，会让我们难以用平稳的心态去面对工作，更别说把工作做好了。许许多多刚刚进入职场的年轻人，他们并没有在职场中取得很好的成绩，并不是他们本身没有能力，而是在有些时候，将自己的能力估计得过高，以至于让他们难以脚踏实地地将现在的工作做好，而失去了做更好的工作的机会。何子风的经历就告诉了我们这一点。由此可见，我们要想在职场中稳住自我的位置，并且获得不断的进步和发展就必须从这种错误中走出来。

珍惜每一次机会，不仅仅是我们在职场中获得不断成长的利器，同样也会让我们在生活中不断地得以成长与进步。想想看，生活中又有哪一件事真的会如我们所愿呢？如果我们对这个不满意，对那件事又有意见，又有什么事值得我们去认真做呢？

《世界上最伟大的推销员》的作者就曾经说过这样一句话："现今是依靠能力制胜的时代。"我们的能力从哪儿来呢？不就是从实际的做事中修炼得来的吗？拥有一颗感恩的心，珍惜每一次机会，在实践中磨炼自我，除了是对自我生命的一种负责外，不也是一个不断地提升自我能力的过程吗？

知己不足，激活自我的学习意识

一个真正懂得感恩的人，是一个勇于接受自我的全部，并且知道自我的不足而积极改正的人。事实上，我们每个人都是上帝咬过一口的苹果，生来就不怎么完美，有优点也有缺点。然而令人遗憾的是，有些人面对自己的缺点，总是想办法遮掩，害怕别人笑话。其实，这样做不仅不会给自己带来好处，而且还会带来一些负面的影响。比如，别人会认为你虚伪、不能正视自己的缺点而做错事情、让人感觉你不真实……正确的思维是坦然面对自己的缺点，不刻意掩饰，敢于挑战自我，承认缺点，这样在赢得大家尊敬的同时还能准确地找到属于自己的位置，创造自己的价值。

曾经有个小伙子身材矮小，相貌一般，无德无才，并且天性害羞，害怕交际。有一次被逼着去参加卡拉 OK 大赛，他自己也没有想到，竟然差点儿拿了奖。

就在这一次的大赛中，有一个同样参赛的女孩引起了他的注意。她温柔的语气给小伙子的第一感觉是，她是个文静的、多才多艺的女孩子。尽管她相貌平平，不怎么漂亮，却使小伙子陷入了单相思。按照一般人的想法，喜欢对方就去追啊。小伙子也想这么做，可是想想自己身材矮小，相貌一般，无德无才，凭什么去追求这样的女孩？经过一段时间激烈的思想煎熬，小伙子终于给她寄去了一封情书。

信发出后，小伙子无时无刻不在期盼着她的回音。但一个多月过去了仍无音讯，小伙子的心犹如被冷水泼了。就在希望即将破灭之际，小伙子从别人那里知道了这个女孩子的电话号码。经过一番思考和准备，小伙子终于鼓足勇气拨通了这个电话号码。

电话终于接通了，她的声音出现在话筒里，还是那样的温柔，而小伙子原先准备的“台词”此刻一点也未派上用场。怎么办呢？小伙子还是逼自己至少跟她聊上五分钟。最后五分钟过去了，他们还没有放下话筒，但是聊的不外乎生活、学习上的一些琐事。就这样，每个周末他们通过电话线来拉近彼此的心，彼此了解对方。后来，小伙子终于把她约了出来，度过了一个美妙的夜晚，感受到了初恋的美妙感觉。

后来这位小伙子才知道，这个女孩子心中的白马王子的形象就是他自己的形象。虽然个子矮，但是女孩子个子也不高，相差太大反而不好；虽然相貌平平，但是心地善良，不会欺骗别人……

最终这个小伙子总结出了一个结论：人，只要善于正视自己的优缺点，总能找到自己的位置，创造自己的价值。

正如这个小伙子所说的那样，这个世界上，十全十美的人是不存在的，每个人都会有优缺点，我们所要做的并不是掩盖自己的缺点，而是正视自己的优缺点，帮助自己寻找到自己的位置。那么，我们该如何正视自己的优缺点呢？

1. 不要隐藏自己的缺点

不能正视自己优缺点的人最明显的一个表现就是隐藏自己的缺点，似乎在这些人眼中，只要把这些缺点隐藏起来了，这些缺点也就不存在了。那么事实是不是如此呢？很显然不是，缺点是客观存在的，无论你怎么隐藏它都是存在的。我们要做的并不是隐藏，而是将它表露出来，然后努力去改正。

2. 不要埋没自己的优点

或许很多人受到“谦虚”、“低调”的教育影响太深，以至于在别人发现自己身上有一些优点的时候，他们不但不感到高兴，反而想方设法来埋没自己的优点。自然而然，这样的做法也是不正确的。要知道，如果你不发挥自己的优势，就很难达到成功的目的。

3. 要勇于接受别人的批评

很多人在面对别人批评的时候总是不愿意承认自己的错误和缺点，这也是一种不能正视自我的表现。既然是缺点，别人给你指出来了，你就应该痛快地接受，而不是躲躲闪闪，不愿意承认。

4. 应利用自己的优势

在现代这个社会，优势是可以创造价值的，既然我们身上有这些优势，为什么不拿出来利用呢？或许有的人是害怕别人的闲话、有的人是害怕失败……无论是哪种情况，都是不能正视自己的表现。

每一个懂得感恩的人都是这么做的。他们不仅仅会用这种积极的态度去面对自己，还知道上天给了我们同样的生命权，很多的机会也是均等的，就应当学会珍惜，心存感恩，并拿出勇气，正视自己的优缺点，不断地学习，以弥补自我的不足。这也恰恰是他们生活得比其他人幸福的一个主要原因。

身为某公司网络部主管的谢军，在刚刚进入这家公司的时候，是一名普通的员工，不要说对网络不熟悉，就是连简单的计算机操作都不知道。然而，当他在偶然的机会接触到计算机网络的时候，便发现，如果不懂操作，是很难在这个世界获取更好的生存和发展机会的。于是，他便利用业余时间报名参加一些计算机培训班，过了一段时间后计算机技术得到了提高。

在一次偶然的机会，公司网络出现了一些问题，正当大家束手无策的时候，谢军站了出来，并熟练地解决了问题。正是因为这件事情，谢军引起了公司领导的注意，提高了自己职业生涯的含金量。

从谢军身上，我们可以看到在变化迅猛的社会中，只有保持不断学习的精神，才能为自己谋得更好的生存发展空间，才能立足于社会。可惜的是，有不少人并没有意识到这一点，甘于现状，认为现在自己具有的本领和知识已经足够了，并不需要去学习。

是的，或许现在你所拥有的知识和技能能让你足以应付工作中出现的问题，能够将工作做好。但是，你难道没有考虑到在日新月异的高速变化社会中，说不准哪一天便会冲击到你所在的行业，使得你原本拥有的知识和技能完全派不上用场。难道非要到那个时候，你才会意识到学习吗？在那个时候，你是不是觉得晚了一点呢？

心存感恩的人知道：感恩并不只是要对生活存有感恩之心，还要不断地学习，弥补自我的不足，只有这样才能够适应社会的发展，才不至于被社会、被企业所淘汰，才不会成为社会的负担，会随时随地从其他人的身上学习。

世界变化如此之快，知识结构正在快速的重新组合，我们每一个人所拥有的知识都是有限的，我们不可能知道所有的一切，所以，我们的人生是一个不停地学习和提升的过程，是在不断地学习中完善自己和提高自己获得成功的。试想，如果我们不能够做到这一点，怎么能顺应社会的发展？又怎么能真正称得上是懂得感恩呢？

谢谢他人的劝告，虚心改正不足

常言道：良药苦口利于病，忠言逆耳利于行。当今社会，每个人最好要保持足够的谦逊，虽然这不一定能帮助你获得成功，但至少可以让你避免犯明显的错误。

有的上司在对待与下属的关系问题上往往会走入一个误区：一定不能让下属看到我的缺点和错误，否则我将威信扫地，难以受到尊重。基于这一认识，有的上司从不在下属面前承认错误，哪怕是显而易见的错误。这样的结果，反倒会让自己在下属心目中的形象大打折扣。

戴尔在2001年就曾对手下20名高级经理认错，承认自己过于腼腆，有时显得冷淡、难以接近，承诺将和他们建立更紧密的联系。下属对“极度内向”的戴尔公开反省非常震惊——如果戴尔都可以改变自己，其他人还有什么理由不效仿呢？戴尔以下属为“镜”，照出都是腼腆惹的祸，腼腆是错误吗？戴尔的回答是：“如果下属说是，那就是。”“认错要认下属眼中的错，不是认自己脑中的错。”

上司也是凡人，不可能不犯错。我们不怕犯错，不怕认错，怕的是认错不当而错上加错。

纽约《太阳时报》主笔丹诺先生在读稿时，常常喜欢把自己认为重要的内容用红笔勾出，以提醒排校人员“切勿将它遗漏”。

但是有一天，一位年轻校对员偶然读到一段文字，也是被人用红笔勾出的，上面大致是说："本报读者雷维特先生送给我们一个很大的苹果，在那通红美丽的皮上露出一排白色的字，仔细一看，原来是我们主笔的名字。这真是一个人工栽培的奇迹！试想，一个完整无缺的苹果皮上，怎样会露出这样整齐光泽的字迹来呢？我们在惊奇之余，多方猜测，始终不明白这些奇迹是怎样出现在苹果上的。"

那个年轻的校对员是一个知识丰富的人，他读了这段文字不禁笑起来。因为他知道这些苹果皮上的字迹，只要趁苹果还呈青色时，用纸剪成字形贴在上面，等苹果变红时，将纸揭去即可，这根本是个小朋友的恶作剧而已。

所以，这位年轻的校对员心想，这段文字如果登出来，必将被人讥笑，说他们的主笔竟会愚笨至此，连这样一点小"魔术"也会"多方猜测，始终不明……"因此，他便大胆地将这段文字删掉了。

第二天一早，主笔丹诺先生看了报纸，立刻气呼呼地走来，向他问道："昨天原稿中有一篇我用红笔勾出的关于'奇异苹果'的文章，为何不见登出？"

那位校对员诚恳惶恐地把他的理由说明后，丹诺先生立刻十分诚挚和蔼地说："原来如此！是我错了，我向你道歉，你做得十分正确，以后只要有确切可靠的理由，即使我已用红笔勾出，你仍不妨自行取舍。"

谁都会犯错误，上司也不例外，下属不会因为你对错误的遮掩和固执而仰视你，同样也不会因为你的坦然认错而小看你。相反，勇于认错会让下属看到你的坦诚和改正错误的勇气，从而更加信服你。

“智者千虑必有一失。”即使平时再小心，也难免有犯错误的时候。犯错误并不可怕，关键是你如何对待错误。

比如，一件事情出了差错，老板把你叫去骂了一顿。你应该对他说：“这是我的错。”而不要在老板面前去说这是别人的错。试想，如果自己推卸责任，说那是下属或同事的过错，老板可能会讲：“难道你做得足够好吗？如果今天都是他们的错，你在干什么？”要是老板这样责问，你就无言以对了。所以，在上司面前，应该一肩挑起，这叫负责任。错就是错嘛，干吗要把责任推卸给别人呢？大胆地承认错误，然后想办法解决问题，吸取经验教训，这才是最重要的。

有些人，即使知道是自己的错误也不愿承认。他们认为自己主动承认错误会丧失自己作为领导的权威，会让下属觉得自己无能。为了掩饰自己的无能或刻意树立自己的权威，而将自己的错误转嫁给下属。但是，大多数情况下，下属都十分清楚这是领导的错误，会在心里轻视作为自己上司的领导。上司最终也会知道是谁的错误，自然会因下属欺骗自己嫁祸于人的做法产生不满。这样，就会大大有损领导在他们心目中的形象。

无论建议本身如何，只要对方提出了对你的不同看法，你首先就要尽快对他表示感谢：“幸亏你提醒了我。你对我真好，真不错。”“谢谢你能这么细心地考虑问题，这个建议很好，我一定认真考虑。”

不断积累经验，不犯同样的错误

“你若一事无成，这不是你父母的过错，不要将你应当承担的责任转嫁到别人的头上，而要学会从失败中吸取教训。”这是比尔·盖茨对年轻人的一句忠告。然而，很多人却没有认识到这一点，在自己一事无成时，将失败的责任归于别人，归于自己没有机遇，却很少从自己身上找原因，最重要的是，没有从失败中吸取教训，避免再犯同样的错误。

生活中，很多人都喜欢谈经验，而不乐意讲教训。因为谈起经验面上有光，而说到教训总感到脸上有愧。实际上，教训大可不必讳言，它和经验一样重要，应该引起我们的重视，而且要对教训心存感谢，正是因为有了这些教训的存在，才让我们免于犯类似的错误。

下面这个故事很好地说明了教训的重要性。

有一位有着一流驾船技术的船长，他曾驾着一艘简陋的帆船在台风肆虐的大海中漂泊了半个月最终死里逃生。后来，他有了一艘机动轮船，他又多次驾驶着它行程几千里到过海洋的纵深。渔民们都把他称为“船王”。

这个船王有儿子，他是唯一的继承人。船王和其他父母一样，对儿子有着很高的期望，希望儿子能掌握驾船技术，驾驶好他置下的这条船。而他的儿子对驾驶技术学得也很用心，到了成年，他驾驶机动轮船的知识已经很丰富了。

一次，船王放心地让儿子一个人出海。但他的儿子却再也没有回来，还有他的船。

原来，他的儿子死于一次台风，一次对于一般渔民来说微不足道的台风。

船王很伤心：我真不明白，我的驾船技术这么好，我的儿子怎么会这么差劲？我从他懂事起就教他怎样驾船，从最基本的教起，告诉他怎样对付海中的暗流，怎样识别台风前兆，又怎样采取应急措施。凡是我多年积累下来的经验，我都毫无保留地传授给了他。但他却在一个很浅的海域内丧生了。

渔民们纷纷安慰他。然而，有位老人却问："你一直手把手地教他吗？"

"是的。为了让他掌握技术，我教得很仔细。"

老人又问："他一直跟着你吗？"

"是的，我儿子从来都没有离开过我。"

老人说："这样说来，你也有过错啊。"

船王对此迷惑不解，老人说："你的过错已经很明显了。你只传授给他技术，却不能传授给他教训。对于知识来说，没有教训作为根基，知识只能是纸上谈兵。"

教训是对挫折与失败的理性思考，它告诉我们"不该"。感谢曾经所受到的教训，吸取教训，就会让我们更加理性地分析产生问题的原因，从中找出带有普遍性的规律和特点，可以使我们对客观事物的认识更加准确深刻。教训既可以给遭遇挫折的人留下避免再次失败的路标，同时又可为他人留下前车之鉴。凡是成功者无不是从自己或他人的教训之中，寻找良方，避免重复的失误，从而获得成功。

那么，我们如何才能做到这一点呢？这就需要我们勇于面对自己所犯的错误，承担起自己应该承担的责任。

某家商贸公司的市场部经理马伟栋，由于疏忽犯了一个错误——他没经过仔细调查研究，就轻率地批复了一个职员为上海某公司组织一万部高档相机的报告。等货源都组织好了，他才知道那个职员早已被“猎头”公司挖走了，而且对方公司也不可靠。

面对这种状况，马伟栋焦虑不安地想着补救的办法。最终对老板撒了谎，把全部责任推到了那位一走了之的职员身上。他认为，反正那位职员已人不在公司，无法对证，老板也不会知道事实真相。可没想到，一个月后，老板不知道从什么地方了解到了事情的真相，马伟栋被撤了职。

人犯了错时，一般会有两种表现：一种是诚实认错，另一种是死不认错，而且还极力开脱。死不认错也可以理解，因为这是人性的一种本能反应，也是为了生存的一种手段，怕由于认错而丢掉饭碗。

其实，犯了错不承认，还极力去掩饰是一种得不偿失的做法。试想，如果你犯的是大错，此错最终会人人皆知，你的掩饰只是用纸去包火，让人对你心生厌恶。既然如此，那又何苦去掩饰呢？

如果你所犯的只是小错，由于掩饰而对自己的品格造成伤害，那更划不来！

姑且不论犯错所需承担的责任，掩饰错误也有损自己的形象。如果你逃避错误，那他人就会认为你“敢做不敢当”“没担当”。想想看，他人怎么会信任你呢？

戴尔公司的创始人迈克·戴尔最感自豪的事，就是公司的全体员工敢于正面迎接任何问题，敢于用坦诚果敢的态度去面对所有错误，而不是否认问题的存在，找借口搪塞。戴尔员工的口头禅是“不要粉饰太平”，意思就是“不要试图把不好的事情加以美化”。如果做错了，问题迟早会暴露出来，直接面对，想方设法尽早解决，以避免事态进一步扩大，才是最明智的做法。

常怀知遇感恩之心，力求把工作做到零缺陷

我们都需要工作，都要步入职场，对身在职场中的每一个人来说，要对公司心怀感恩之心，感激公司所给予的一切。作为一名称职的员工，首先要拿出一些自己的时间去报答曾经支持和帮助自己的公司，否则，你会变成孤家寡人。

每个人在社会中生存都会需要一份可心的工作，这工作就是公司赋予你的权利和义务。但很多人只把工作当成是谋生的手段，而忽略了更为重要的一个方面：工作是公司给予我们的恩惠。之所以要感激公司所给予我们的一切，是因为公司提供的工作让我们获得了除薪水外其他更重要的东西。

工作对于我们来说不仅是一种谋生的手段，更是人生重要的组成部分。工作让我们的生活有了目标，使我们为了目标而不断前进。因为不断前进，我们的人生更充实、更丰富多彩。

工作是实现人生价值的重要途径，我们可以通过工作改变自己的命运。生命赋予我们各种工作的能力，而不同的工作赋予我们不同的生命体验，我们应该珍惜和感谢公司为我们提供的工作，因为它是生命的恩典，失去了工作就意味着失去了所有的体验和恩典。

工作是一种乐趣，我们从中获得快乐，从中体验生活的充实，将全部的真心倾注其中。有些人不懂得工作的乐趣，常常发出这样的抱怨：自己所做的工作完完全全是一种折磨，就像炼狱一般。而有些人却恰恰相反，他们认为自己做工作是一种享受，把工作视为乐趣。两种态度的结果有天壤之别，那些总是对工作抱怨的员工，往往被视为单位中的平庸、碌碌无为者。而后者则大部分是深受老板喜欢的优秀员工。为什么会出现这样的差距呢？原因是：当我们在做一件事情的时候，如果发觉其中并没有什么乐趣，享受不到因为做这件事情带来的快乐，就很难做下去。如果能从中体会到乐趣的话，我们便会有兴趣，就会投入更多的热情和精力把要做的事情做好。正因为如此，对一个员工来说，只有培养和发现工作中的乐趣，才能更好地去完成自己的本职工作，才能成为深受老板喜欢的员工，才能成为卓越的员工。小张便是一位懂得感恩，懂得从工作中寻找乐趣的人。

在公司，小张总挂着一脸腼腆的微笑，不过你可别因此就断定他有一副好脾气。熟悉他的同事或多或少都曾领教过他的犟脾气，但他在工作中的“牛劲”常常让部门经理高兴得合不拢嘴。

由于一些特殊的原因，公司给予技术人员的薪酬并不高。有了几次人员跳槽的前车之鉴后，爱才的部门经理为留下技术骨干可谓绞尽脑汁。

以公司引进一套新的设备说起。为了促进公司业务的拓展，经理们决定引进新设备流水线。在分析了几位技术人员的素质基础、技术状态等多方面因素后，最终确定由小张负责新设备的专项技术。一接到任务，小张就开始一连串紧张的工作，从技术培训开始直到首批试机完成，其间他几乎一直在超负荷地工作。在设备运抵之前，他要拟制车间防静电地面、电力、气路、墙体、材料架、稳压电源以及防静电工具等的配置方案，并参与策划设备和工艺应用环境的布局；设备陆续运抵之后，又在部门领导的安排下完成设备的检验单并协助企管部做好商检工作。有同事劝他没必要这样卖力地工作，而他却认为是公司给了他卖力工作的机会，自己就应该用卖力工作来回报公司。

通过公司领导的多方努力，设备安装好不久就迎来第一批试机任务。为了确保首批板卡的质量，也为了给今后的外协加工业务打下一个良好的基础，那一阵子小张几乎成天都泡在车间里。接连几周的加班，搭上了休息时间不说，就是买房子这等大事他都没空儿陪女友一起去，以至于好长时间他都不知道自己的房子坐落何方。

但这还不算，越忙事儿越多，就在那段时间里，小张的父母为了看望儿子以及了解、确定他的终身大事，千里迢迢从费城来到休斯敦，恰逢任务紧张，部门经理没有批准小张的假，结果小张的父母颇有怨言，好在老板亲自出马讲清事情原委，事情才算平息。

然而就是这样，小张依旧毫无怨言、专心工作，为新设备最终顺利安装并试生产成功创造了良好的成绩。他的一举一动不仅在本部门里赢得了好评，而且感染了其他的同事。

部门经理总是为有这样一个得力干将欣慰不已。他说，也许我无法给予小张很多的奖励，但我一定会努力去帮助他解决实际的困难，使他能够心无旁骛地工作。

小张用行动见证了他对公司的感恩：一个人做什么事都会有成功的希望，只要他怀着一颗感恩的心去热心工作，即使工作枯燥或繁重，也不会觉得辛苦。一个只懂索取不懂回馈的人，永远不会有出人头地的一天。

或许，你正在抱怨自己的工作是那样的机械和单调，或许你认为办公室里的生活是那样的枯燥与乏味。但是无论怎样我们要想在这个社会中生存和发展，就必须工作。工作是公司给予我们的最宝贵的财富。如果我们什么都不做，那是多么可怕的一件事！只有投入工作，才有生命的活力。如果放弃公司给予的工作，我们将一无所有。

对公司所给予的一切表达感激，你会发现，自己会获得更多。珍惜才会拥有，感恩才能长久。大多数人无视自己所拥有的，而去追求那些并不是自己真正想要的东西，直到失去本来拥有的一切的时候，才懊悔不已。

有这样一则寓言故事告诉我们：要珍惜已经拥有的东西，要感激给予你一切的对方，对自己得到的要心怀感激，知足惜福。

上帝问富翁："你不快乐吗？我能为你做点什么吗？"

富翁对上帝说："我什么都有，只欠一样东西，你能赐予我吗？"

上帝回答说："可以。你要什么我都可以给你。"

富翁直直地望着上帝："我要的是幸福。"

这下把上帝难倒了，上帝想了想，说："我明白了。"

上帝夺去富翁的财产和他妻儿的性命，毁去他的容貌后便离去了。

一个月后，上帝再回到富翁的身边，他那时已经饿得半死，衣衫褴褛地躺在地上挣扎着。于是，上帝把他的一切还给他。然后，又离去了。

半个月后，上帝再去看富翁。这次，富翁搂着妻子和孩子，不住地向上帝道谢。

因为，他得到了幸福。

如果公司是上帝的话，那么，员工便是那个富翁，珍惜公司所给予的一切，就如同获得了一切的幸福。

让我们学会感激公司赋予的一切，包括工作环境、办公设备、同事关系等，这份珍贵的感激将让我们在困难中得到更多的帮助，更快地从黑暗中寻找到光明之源，在沙漠中寻得生命之水，从而走出逆境；在顺境中支持我们建造更高的基石，助我们步步高升。

只要我们从事一份工作，我们就会源源不断地接受来自公司的恩惠。但公司施与的恩惠并非理所当然，也就是说，在我们不断地接受所有这些来自公司、看似理所当然的赠与和关爱的时候，我们不能无动于衷。

许多成功人士身上几乎都有一个共同特质，那就是心怀感恩，对那些帮助过他们的人感恩，对他们所有能想到的人感恩，对一切感恩。那么，作为我们也要学会感恩，感恩公司的给予，感恩公司的信任，感恩公司的支持，感恩公司做的一切。

虽然每一份工作和工作环境都无法尽善尽美，但是这其中都有许多宝贵的经验和资源。在竞争日趋激烈的今天，工作机会来之不易，我们应该珍惜每一次工作机会。如果每天怀着感恩的心态去工作，在工作中始终牢记“拥有一份工作，就要懂得感恩”的道理，一定会收获更多。

感恩，让工作中少了一些怨恨和烦恼；感恩，让工作中多了一些宽容和理解；感恩，让我们心灵多了一份宁静与安详。

和身边的每一个人共成长

现代社会分工越来越精细，无论是办公室、医院、球队或是摄影棚，以及表现上看似“跑单帮”的从业人员，都不可能置身于团队之外，必然与他人的工作存在一个接口。这就意味着你的工作需要他人的帮助，而要想得到他人的帮助，必须先帮助他人。

要想实现自己的价值，就要将自己融入到社会、团队中以提升自我。而要想使团队成为一个战无不胜的坚强团体，就要用一颗感恩的心去面对所有人。

王帆和李岩毕业后同时进入一家电力工程企业工作。所不同的是，李岩是企业董事长的宝贝千金，王帆则来自农村。俗话说，朝里有人好做官，特殊的背景使得企业领导对李岩照顾有加，加上李岩自己的努力，两年下来，她的工作业绩得到了众多领导的一致认可。相比之下，来自农村的王帆则只能靠自己的实力。正所谓穷人的孩子早当家，王帆非常珍惜自己的工作机会，除了勤奋工作、精研业务以外，从一进企业开始，他就放下了名校高才生的架子，只要一有时间就向老员工们请教，学习各种知识，许多老员工见他如此诚恳，也纷纷不吝赐教，将自己的一些绝招、秘诀一股脑地传给了他。这样一来，李岩和王帆可谓旗鼓相当。

又一个新年过去了，李岩和王帆由于表现优异再次获得了升职机会，这次两人调到了同一个省区。在工作中，两人相互协作，克服了许多工作中的难点，李岩也学到了很多书本上没有的知识。一个月后，企业下达了新任务，限期一个月完成数万米的11万伏高压输电线路安装工程。虽然任务艰巨，但两人丝毫没有怨言，欣然接受。在此后的日子里，两人晚上审图，白天带领工人拼命工作，结果提前一星期完成任务，再度受到企业嘉奖。只是由于众所周知的原因，王帆的奖金稍低于李岩。

这时，有朋友替王帆打抱不平说：“李岩是个关系户，你干吗要帮她呢？这不是自己拆自己的台吗?”

对于朋友的提醒，王帆摇了摇头说：“我帮助李岩，是佩服她的能力和精神。身为董事长的女儿，她不靠父荫，而靠自己的实力打拼，这样的人又有几个？相对于我教她的那些知识来说，这根本不值一提，再说我的知识不全是老前辈教的吗?”

朋友听了哈哈大笑，还嘲笑王帆中了美人计。王帆也不以为意，在此后的工作中，还是一如既往地与李岩相互配合，他们的工作也获得了更大的成功。后来，李岩被提升为安装工程处经理，王帆也紧随其后，成为该部门的副经理。当李岩调到企业总部后，王帆则坐上了部门经理的宝座。

正如王帆自己所说，他的很多知识也是来自别人的不吝赐教，而且李岩对王帆乐于助人的宣传对他的升迁也不无好处。由此可见，怀有一颗感恩之心，有助于与身边的人营造良好的关系，并在此过程中获得彼此之间的帮助，并互补短长，这是我们每个人事业发展不可或缺的重要组成部分。但是，在现实生活中，很多人对于身边人的请求，要么找个借口一推了之，要么在一旁幸灾乐祸、冷嘲热讽。这样的人，是不受他人欢迎的人，当然，他们也是很难被社会所接受的人。

第六章

即知即改，感恩需要实际行动

百善孝为先，感恩就要懂得感谢父母

感恩，首先就要懂得感谢自我的父母，因为父母给予了我们最为重要的生命，没有父母就没有我们，更没有以后生命中的一切。可以这么说，一个不懂得感恩父母的人是不能真正地懂得感恩的，也不可能拥有人生的快乐，更不要说获得人生的成功！

那么，我们怎样去报答父母的养育之恩呢？那就是孝敬。中国有句古语："百善孝为先。"意思是说，孝敬父母是各种美德中的第一位。

对孝心而言，有人平淡如水，细细而流，温暖整个人心；有人只是夸夸其谈，而不付诸实际行动，不过是一种表面的浮云，飘过了就没有了痕迹；也有人无意地糟蹋了它，生命为此增加更多苦的元素。每一个女人都应有一颗孝心，把爱献给老人，因为有孝心的女人即使相貌平平、语不惊人，却熠熠生辉、光彩四溢。

有一位女孩在她20岁时，母亲得了偏瘫，她四处求医问药，得知治愈的希望只有1%，于是她带着母亲来到南方，那是母亲一直想去的地方，在那里她在一家公司找了一份工作以维持生计。

工作很辛苦，拿到第一个月薪水那天，年轻的女孩买了母亲最爱吃的水果，当她递上水果时，母亲拉住女儿的手说："给妈说实话，你到底做什么工作，是不是很辛苦？"

“我在办公室工作啊，很轻松的。”女儿说。

母亲生气地说：“孩子，你的手这么黑，你干的活肯定又脏又累，你骗不了妈的，再也不要花冤枉钱了，我的腿治不好的。”

看着母亲心疼的样子，一时间，她不知道怎么回答母亲，于是以洗衣服为借口离开了卧室。等她洗好衣服，惊奇地发现自己的手那么干净，顿时有了主意。

她告诉母亲说，她决定辞掉现在的工作，去找一份更好的、轻松的活干。听到女儿的话，母亲终于笑了，她心里也明朗了，总算不用让母亲为自己担心了。

其实，第二天女孩还是去做原来的工作，只是在下班后把自己的指甲修剪一下，然后再把自己和同事的工作服洗了才回家，因为她的手越洗越白，母亲一点儿都没发觉女儿撒了谎。

就这样，那位年轻女孩对母亲的爱整整持续了20年。你能说这位女孩子不是美丽、伟大的吗？

孝心是生活中的一片绿洲，名利场外的一片净土，每一个识礼的女人应尽自己的一份孝心。孝顺的女人是父母的贴心小棉袄。她给老人做饭、送水、拿药，陪他们唠嗑，早而探视问茶饭，晚而铺床掩被角。她理解老人，不但在物质上帮助老人，还经常向老人嘘寒问暖，陪老人看电视、下棋、读报刊，使他们在精神上得到安慰，在感情上得到寄托。对于老人，她尊之敬之，亲之爱之，绝不打折扣。

总之，识礼的女人在对待老人上要做到以下几点。

1. 给予老人特殊照顾

老人年岁大了，走动不便，我们对他们要给予特殊的照顾：给他们盛饭夹菜，睡觉时为他们铺床盖被放蚊帐，在他们走动时予以搀扶，有空时陪他们说话解闷……如果老人病了，更要给予精心照料，主动为其煎药、喂药，嘘寒问暖。

2. 维护老人的自尊心

作为晚辈，一定要懂得维护老人的尊严，切忌说“您懂啥呀”，“您那都是老掉牙的理论了”等讽刺性的语言，尤其是在大众场合更要注意，老人对孩子的态度十分敏感，若顶撞了他，他会积郁于胸。其实，他也不会干涉你的行动，你只要老老实实、恭恭敬敬地倾听他的想法就足够了。

3. 不要嫌老人唠叨

俗话说：“树老根多，人老话多。”老人上了年纪，说话比较啰唆，有些事情要说好几遍。对这种必然的生理现象，应该充分理解，而不该表示厌烦、粗暴地打断老人的絮语。如果不想听，可以巧妙地提出你感兴趣的话题，向他讨教，他会感到非常高兴。

4. 不要限制老人的活动

要鼓励并给老人安排一些力所能及的小事，或让他们参加一些活动。不要替老人做完一切，让老人处于无所事事、无所寄托的状态，那样他们会感到寂寞和孤独，以为自己已经毫无价值。

天底下总是父母为孩子做得太多太多，可孩子却很少知道或者很少去体味这种深沉的爱。身为女人，我们把一片孝心献给老人，让老人沐浴在温暖的春光里，让拥有孝心的世界变得更加美丽迷人，这样，你的人生就会变得更加美丽。

感谢家人，尽力为家里多做点事

无论你做的是什么样的工作，也不管取得了什么样的成就，你都要知道：你的成功跟家人有着莫大的关系，没有家人的支持你是很难拥有什么成就的。事实上也是如此，那些在事业上取得一定成就的人大多数都是懂得如何去关爱自己的家人，懂得感谢家人支持的人。

“事业为重还是家庭为重?”虽然工作和家庭没有本质冲突，但客观上我们确实无法像孙悟空一样有分身之术，一面工作，一面陪伴家人。类似于这种时间分配上的冲突是不可避免的。这就需要你做出判断，权衡轻重，作出取舍。

这种取舍有时候是痛苦的，但如果你完全置家人于不顾，一门心思扑在工作上，即使你在事业中取得了巨大的成功，当你回首往事时，会发现在那些浮华的所谓成功里，似乎少了点什么。那缺少的东西就是你对家人的关爱。你是否会有这样的愧疚：“母亲生病时我没有在身边好好地照料；妻子一人照顾着整个家，实在是太累了，国庆节我主动要求加班也没陪她出去玩一玩；儿子转眼都上三年级了，他的功课我几乎都没问过……”

事实上，任何一个人不管成功或者失意，不管君子还是小人，生活给我们最大的平等和恩赐是每个人都拥有一个家，而我们能得到的人生幸福，实际上绝大部分来自我们的家。我们没有理由不把更多的爱献给我们的家庭成员。

张先生是某公司的销售部经理。一天，他的秘书正在接见一位大客户，他对客户说："非常抱歉，先生，张先生刚刚去海南度假去了，如果有什么事情您过四天以后再来好吗？"

"你说什么？四天？天！他扔下这么大一个摊子，要出去白白浪费四天的时间？"客户感觉这真是不可思议的事情，觉得这个张先生真是个不务正业的总经理。

"的确是这样的，我们的经理吩咐过，在这几天里，他要好好陪他的家人，不接任何公事电话，不希望别人打扰他。非常抱歉！"秘书显得相当的诚恳。

"可是我要和他谈一大笔生意的，这生意对他来说非同一般。"

"可是……"秘书犹豫了一下，说，"那好吧，我给你接通他的电话。"

于是，他打通了正在度假的张先生的电话。

"张先生，你好！这个时候你怎么可以去度假呢？你工作一个小时的收入可是50美元，你一下子就休息四天，一天八个小时，一个月你就少赚了1600美元，一年就少了19200美金，老兄，这值得吗？"客户费解地质问道。

张先生在电话那头认真地回答道："你说的没错，我每个月多工作四天，一天八个小时，也的确是多收入了1600美元，可是多少钱可以买来我与家人一起享受天伦之乐的幸福呢？"

一句话，电话那头哑口无言。

在喧哗的尘世，能让我们片刻安宁的是家；在茫茫人海，能免除我们孤独的是家人；在纷扰的争斗中，能给我们疗伤的是亲情。

是的，有一个幸福的家，我们的人生就有了80%的幸福；有了一个幸福的家，工作的烦恼就可以忍受，因为我们的忍气吞声和辛苦劳累都有了价值——要赚钱养家使我们所爱的人丰衣足食；有了一个幸福的家，凄风苦雨我们都不再害怕，因为只要奔回家，只要打开家门，就有了温暖和宁静……所以，不要以工作为由而冷落了家人，从现在起开始把更多的关爱奉献给一直在身后默默支持你的家人吧！

那么如何做到这一点呢？这就需要我们在社会与家庭中找准自我的定位，扮演好属于自我的角色。社会是一个舞台，在不同的关系和不同的环境中，人们扮演着各种不同的角色。而角色转换是人类的固有特征，又体现了人的社会性，从血缘关系的父母、兄弟姐妹、儿女，到社会关系的爱人、朋友、同事、邻里……一个人往往要同时扮演多个不同的角色，不同的角色赋予我们的责权利各不相同，带给我们的体验和感觉也大相径庭。一旦某一对角色发生冲突，不能很好地及时转换，就难免出现危机。因此，我们需要根据环境和职责的要求调整我们的表现，在不同的岗位上要扮演与其相应的角色。

安丽在一家外贸公司工作两年多了，一直勤勤恳恳，跟同事相处得也很不错，每逢同事遇到什么困扰，她总是热情而耐心地给予帮助。但两年多以来，一起参加工作的同事甚至比她来得晚的后辈都得到了提拔，而她却仍在原地踏步。她十分失落，但又搞不清楚原因是什么。

36岁的志钧已成为一家大企业的主管，但在外人看来事业蒸蒸日上、春风得意的他家庭生活却不尽如人意。妻子总责怪他大男子主义，专横霸道；10岁的女儿宁愿爸爸不回家，因为爸爸回家往往意味着受他的责骂和没完没了的说教。

安丽和志钧的问题表面看来区别很大，但实际上却颇有共同之处。那就是：他们不能分清工作与家庭生活中的角色。安丽是把适合用在照料家庭的性格与行为施用在了工作上，太亲切，过于温良恭俭让，显得不干练和权威，令只瞧得起强者的领导认为她无法挑起管理者的重担，同时同事对她也只是感激与亲切，却不能产生敬畏。志钧是把适合工作的性格与行为施用在了家中，一味发号施令，不会体贴安慰，从而破坏了亲密温馨的关系。与安丽和志钧相反，刘丽就是个很会处理工作与家庭角色转换的人。

刘丽很会依场合和情景的不同来实施自己的行为。在公司会议上，一语中的表达意见，避免对个人有好恶批评，展现权威、专业、坚定、有自信的一面。与同事讨论或聊天时，她大量使用所谓的女性特质、良好的沟通技巧、亲和力，而非权威指挥。而下班后回到家里，她马上又变成了一个贤妻良母，做家务、辅导孩子、照顾老人，俨然就是一个全职太太。“我像变色龙，能够随情况需要而变换颜色，这种能力非常重要。”她说。

心理学家将人的性格和行为特质分为了三种："女性化"的性格和行为特质、"男性化"的性格和行为特质以及中性的行为特质。专家鼓励将传统认为"女性化"的性格和行为特质用在感情生活与维系人际关系上，包括：谦虚礼让、笑脸迎人、安慰打气、充满爱心、忠心耿耿、富有同情心、善于照顾别人、感情丰富、温文有礼、轻言细语、喜欢小孩、诚实不耍心机。所谓的"男性化"性格和行为特质，主要用在工作生活上，包括：独立思考自主、坚定立场、指挥若定、命令别人、敢冒风险、自己想办法解决问题、积极主动、领导统率、爱竞争。至于中性的行为特质，不是传统视为男性或女性的，如适应环境、为他人着想、分析研判、可被信任，同时有益于工作成功与生活幸福。

你可以每天拿出一点时间来回忆一下你在工作上跟同事，以及在家里跟家人的谈话，做一些力所能及的事，你有没有在不同的场合与时机，用了正确的应对方法。经过一段时间的摸索，相信你能够学会游刃有余地拿捏工作与家庭之间的角色扮演。

说出你的爱，真心实意地对待你的另一半

查斯特·菲尔德勋爵曾说："每一个男人事实上都是两个人，一个是真正的自己，另一个是理想中的自己。"事实上，无论是男女对待自己的另一半，都应该给予他们足够的信任和支持，都应该从内心深处去感激对方，因为无论自己取得怎样的成功，都有着对方一半的功劳。

李巍与刘永好的相爱并没有被朋友和家人看好。在他们看来，刘永好出生在小县城，只是德阳一所工业学校的中专毕业生，还有一些历史问题，和李巍根本不般配。当时，爱已使李巍不再有丝毫犹豫。相识半年后，他们把各自的被子抱在一起就结婚了。家里最奢侈的东西就是李巍当姑娘时，攒了几个月工资买的那块英纳格女表。结婚那天，他们请不起客，就称了六七斤水果糖，挨家挨户发了。

那年李巍跟着刘永好回四川新津老家过年，兄弟几个决定养鹌鹑。说干就干。李巍与刘永好不仅在新津老家养，还在他们家的阳台上搭了饲养棚养了三百多只鹌鹑。每天课间休息时，李巍都要赶回家去给鹌鹑清理粪便。

鹌鹑蛋越下越多，销路成了问题。刘永好就跟着三哥刘永行跑市场，沿街叫卖。不巧碰上他教的一些学生，当时还不像现在这样，一个教师沿街吆喝卖鹌鹑蛋，在学生眼里绝对是尴尬和耻辱的事情。刘永好窘迫地把头埋得低低的。晚上回到家里也无精打采。

李巍鼓励他说：永好，抬起头来！甭管别人怎么看、怎么想，经商并不下贱。在西方社会，衡量一个男人成功的标准，还要看你能挣多少钱呢……放心去卖吧，我们会为你战胜自我而自豪。

刘永好抬起了头，目光里充满感激和感动。其实男人也很脆弱，那时他需要的就是一点理解和信任。李巍的支持对他来说格外重要。就这样，他们仅仅用了六年时间，资产就超过了千万元。

当初刘永好下海时，面临着很多问题，一个老师辞了公职，去卖鹌鹑蛋，人们都说他疯了。如果他的爱人没有豁达的心态，一味地埋怨他；如果没有他爱人的支持和鼓励，使他坦然面对挫折和逆境，那他可能就顶不住当时的压力而走回头路，返回学校去当老师，而中国就少了一个亿万富翁。

19世纪末，密歇根底特律电器公司的一名年轻的雇员亨利·福特，每天利用工余的时间设计出了一种新的引擎。当时所有的人，包括他的父亲在内，都认为他是异想天开，绝不会创造出什么新奇有用的东西来。唯独他的妻子相信他，相信她的丈夫能够成功，并且竭尽全力去帮助他。

每天晚上，妻子手提着煤油灯给他照明，在寒冷的冬天，她冻得牙齿直打战，手冻得青紫，可她从来没有退缩放弃。妻子在每天早晨送他出外工作的时候，为了使他充满信心，即使他的装扮不时尚也赞美他所喜爱的领带的花样，称赞他的风度，并告诉他："你正要去征服所有的困难，你一定会做到的！"

经过三年的努力之后，福特的设计成功了，他把引擎装在马车上，第一次取代了马。于是一个新工业诞生了。后来福特回忆说："如果没有夫人这位忠实的信徒，我是不会成功的。如果人们将我称为新工业之父，那么我的夫人就是新工业之母！"

做妻子的，永远不要对丈夫说："你失败了！"如果他真的失败了，他的老板将会毫不迟疑地告诉他。但是在家里，作为妻子的你应该勉励他、告诉他："人人都可以成功。"

作家梁晓声曾说："女人是男人的小数点，她标在他一生的哪一阶段，往往决定一个男人成为什么样的男人。"所以，聪明的女人懂得用激励的语言帮助丈夫树立信心。

一位在事业上取得成就并获专利奖的总工程师在颁奖大会上饱含深情地说：

"我在领奖时心里总怀有愧疚，因为，这个奖有相当一部分属于我的妻子。我在这项课题攻关中，有很多数据是带回家计算的。说准确点，是我一位老同学——我的妻子帮我计算的。如果没有她的帮助和鼓励，我的这项课题能否完成还是个未知数。

"很多人认为女人不如男人，女人不能有大成就。可是，今天，我要借此机会，用我妻子的例证向大家说明，女人是男人最好的激励者。男人没有女人的激励，最终也可能成功，但他的成功机会会降低。我感谢我的妻子，我要将所得的个人荣誉，与我的妻子一起分享。"

这位总工程师的讲话，赢得了热烈的掌声，不少女人流下了激动的泪水。

女人一般都有特殊的视觉与敏感，她最了解丈夫，并能看到丈夫身上所潜在的别人看不到的特质。她们用眼睛去看，用内心的爱去看。因此，她们对丈夫有绝对的信任，也就能给丈夫最大的支持。

1. 给对方多一点支持

妻子是"贤内助"，这个"助"，不仅在事业上助他一臂之力，更主要的是为他解决后顾之忧，替他在公婆面前多尽一份孝心，替他在孩子面前多尽一份责任，让他抛却所有的私心杂念，一心一意地工作。

2. 给对方多一点尊重

“君子之道，忠恕而已矣。己所不欲，勿施于人。我不欲人之加诸我也，吾亦欲无加诸人。”互相尊重是人际交往的基本原则。“大男人”、“大丈夫”、“大老爷们”、“小女人”、“小媳妇”，从这些称谓中，我们可以看出，一个男人在家庭中自始至终居于核心地位。从古到今，中国的家庭模式就是“男主外，女主内”，所以，人们通常把女人称为“内人”、“贱内”或“贤内助”。

因此，女人切忌在家里与男人发生权利之争。不妨把家庭主权让给男人，让丈夫多一点自尊，让他在人前人后、家里家外都做一个堂堂正正的男子汉，让他时时刻刻感觉到自己是一个男人，可以扬眉吐气，风风光光。千万不要让自己的老公英雄气短，做一个“受气包”或“窝囊废”。

男人是女人头上的天，男人是家庭的脊梁，这个地位是女人无法替代的。所以，好女人总是会多给丈夫一些自尊。

3. 给对方多一些理解

男人也有男人的苦衷和难处，特别是男人在家庭中担当着传宗接代、光宗耀祖的重要使命，势必比女人多了份责任和义务。作为妻子，要学会理解自己的丈夫。当你嫁给一个男人时，要切记，自己不仅嫁给了他这个人，而且嫁给了这个男人身后的整个背景。你要主动把自己当做这个大家庭中重要的一员，认真地履行自己应有的责任，别计较个人的得失。其实，同是一家人，谁得到都是一样的，而一旦失去，就是整个家庭的损失。

相信说了这么多，你已经知道了自己的另一半的重要性了吧！既然如此，为什么不对自己的另一半大声地说出自己的爱呢？真心真意地去对待他（她）、去关心他（她）、爱护他（她）、理解他（她）呢？如果你真的这么做了，你的人生将会变得更为丰富而美丽。

积极地融入到朋友圈，并给予他们帮助

懂得感恩的人会牢牢地记住朋友曾经对于自己的帮助，也肯于帮助朋友。然而令人感到遗憾的是，面对日益加重的下岗压力，面对竞争如此激烈的社会，每个人都感觉要做的事情很多。上班时忙，下班时也忙；单位忙，家里也忙。所以人们经常挂在嘴上的一句话就是："我很忙！"但正因为生活在这个快节奏的社会，才需要寻求朋友的帮助。有了朋友的帮助，我们会如鱼得水。

总对别人说"我很忙"，似乎也是一种自私。有时候你确实有很多事情要做，但并不是每件事都非常重要，也不是每一件事都得立即完成。而此时，朋友有事请你帮忙，虽然那样会耽误你的时间，但如果你想着朋友需要你，想着你应该帮助朋友，那么会把一些自己不太重要的事先放一边。相反，如果只是想到自己，那就会找各种各样的借口加以拒绝。

不管朋友的事大小如何，如果把对朋友的帮助放在最后一位，放在自己所有小事之后，那么可以想象朋友在你心里的位置。所以，在生活和工作中，我们要尽量少说"我很忙"。首先要能热心

帮助朋友，满足他们的愿望，要知道，尽可能地帮助朋友，也一定会得到朋友无私的帮助，而我们很多事情光靠自己一个人是难以完成的。

当然，如果你碰到以“我很忙”为借口而拒绝提供帮助的朋友时，要认真加以对待。

> 中学时期的同班同学甲，分别十年后打电话给乙。甲在深圳、乙在成都工作，他们两人都已经结婚了。
>
> 聊得正起劲的时候，甲突然说：“对了，好久没有办同学会了，我也想见见你呢。”
>
> 当乙回答：“是啊，好久没办了呢。”甲便说：“那么就来办吧。我马上联络丙君，他就在我们深圳华侨城工作，对同学们的情况也很清楚，也有空闲。我会和他一起打点。”
>
> 之后过了三个月，就在乙已经忘了这回事儿时，同学会的邀请函来了。虽不特别想见昔日同学，但因为前一阵子和甲谈论过此事，于是便决定参加。
>
> 当乙风尘仆仆地到了深圳，赶到同学会的会场时，却不见甲的身影。
>
> 找到了主办人丙君，问他怎么没有看到甲，却听他说：“因为甲提议，所以就决定办同学会了，但是甲却说要和家人去马来西亚旅行，不能出席。”

实际上像这样提出要办同学会或者朋友聚会的人最后却落跑的例子，还是相当多的。像这般没有责任感、做事草率的人，绝不要轻易相信他。即使相信他，也要附带条件，比如说“如果你负起责任打点一切的话”，让他负起责任即可。

如果遇到表示聚会“能去就去”的人，会令主办人相当困扰。例如，订餐时需要确定人数，到时还真的会伤脑筋决定要不要将他列入参加的人数当中。

一个成熟的社会人，是不会做这样的回答的。总是以“能去就去”之类的方式回答的人，到底是什么样的人呢？一种是薄情的人；基本上是薄情的。比方说同学聚会，有的人是大老远千方百计都要参加，相较之下，这样的人则是满不在乎地以“能去就去”这类方式回答。

另外还有不想花钱的人，也会以这样的方式回答。那么，经常以这样的方式回应的人，应该如何应对才好？那就是一开始就不要将他列入人数当中，或者坚持请他清楚地回答要参加还是不参加。

尽职尽责，用心做好你的工作

热爱工作、爱岗敬业，是很多人取得成功的不二法则。一个有着伟大事业梦想的人应该对自己的工作充满激情，哪怕它再小再难，也要用十二分的努力去完成它，将它做到尽善尽美。所以，你应该像热爱生命一样热爱自己的工作。不论你从事什么工作，也不论职务高低，只要你热爱自己的工作，就能在工作中找到自己的乐趣，在工作中寻求满意，也才会有幸福感、成功感。

喜欢自己的工作与不喜欢自己的工作，在工作的时候会体现出巨大的差别。当一个人对自己的工作充满激情的时候，他便会全身心地投入工作之中，以积极的心态对待工作，或总是试图寻找工作中好的东西，当工作中出现不好的情况时，他首先会找出问题，然后考虑怎样来改进。这时候，他的自动自发、创造性、专注精神等对工作的利好因素，便会在工作的过程中表现出来，进而把工作做到最好。

有两个机器修理工在工作之余聊天，他们一个年纪很轻，一个看上去上了年纪。这时，正好董事长来巡视他们所在的车间，董事长对老工人热情地打了一声招呼："嗨，你还好吗?"老修理工回答说："噢，董事长先生，我很好，谢谢您的关心。"

董事长从他们身边离开后，年轻的工人吃惊地望着老修理工："你居然认识董事长先生?"

老修理工回答："20 多年以前，我和他在同一个工厂修理过机器。当时我们是十分要好的搭档。可是如今他已经成了董事长。"

"而你一直……"年轻的工人满脸疑惑地问老修理工，在疑惑中似乎还夹杂着另一层意思。

老修理工理解小伙子的言外之意，他有些不好意思地告诉他："当时我们每天只挣 30 元钱，那时我成天想的就是如何用这 30 元钱来维持生计，而且我正是为了这 30 元钱才逼迫自己工作；而他是真的很喜欢这份工作，他每天想的是每台机器修好后将怎样运转、除了修理机器自己还应该干什么，而且他一直在考虑自己日后的发展方向。”

年轻的工人喃喃地说：“所以你直到今天还在修理机器，而他却成了一个公司的董事长。”

只有当一个人真正怀着感恩的心去热爱自己的工作时，他才有机会沐浴胜利的朝霞，品尝成功的果实。一位成功的职业人士曾说：“是一种感恩的心情改变了我的人生。当我清楚地意识到我无任何权利要求别人时，我对周围的点滴关怀都怀抱强烈的感恩之情。我竭力要回报他们，我竭力要让他们快乐。结果，我不仅工作得更加愉快，所获帮助也更多，工作更出色。我很快获得了公司加薪升职的机会。”

每一份工作或每一个工作环境都无法尽善尽美。但当你真正爱上一种职业的时候，你会觉得工作中的困难都是那么美丽。陈硕便是这样一个热爱工作的人。

陈硕供职于一家保险公司，在三年的工作中，她赢得了“难不倒”的美誉。她在工作中始终坚持自己的准则，那就是——爱它，就把它做到最好。她处理每一件事都细致周到，并保证在第一时间高质量地完成。

凭着对工作的热爱和尽全力的拼搏，陈硕很快升为该部门的小组领导。陈硕总是认真倾听同事的想法，了解部下所关心的事情，并尽全力领导她的部门完成每一项任务，陈硕的小组因此赢得了大家的一致好评，成为全公司公认的可以委以重任的团队。

与此相反，三楼有一个运营部门，人数众多，绩效却不理想，与陈硕的团队形成了鲜明的对比，因此也成了大家批评的对象。为了能让公司有一个全面的改观，公司提升陈硕为三楼的业务经理。工作的开展自然十分艰难，但是陈硕迅速地调整心态，把对工作的热爱全部投入到新部门的建设当中，同时，她这种积极的情绪也深深地影响了员工，在大家齐心协力的努力下，陈硕所在的部门迅速改观，并最终成为公司的典范。

每个人的经历不同，期望目标不同，心理承受能力自然也不同。一叶扁舟很难承受大海的波涛，万吨巨轮也不能在池塘里起航。想明白自己喜欢干什么，要干什么，怎样去干，从而选准自己的生活目标、工作岗位。如果这一点你能明白的话，那你就是下一个陈硕。

其实，我们每个人在工作中都或多或少的接到过一些枯燥乏味的任务，但当你抱着感恩的心去对待这份工作的时候，当你能变厌烦为热爱的时候，你会发觉原来自己也可以这样快乐地工作。所以，在职场中不管做任何事，都要把自己的心态摆正：抛弃一切杂念，抱着感恩之情，将一切的挫折和无趣都视为一个新的开始，一次获取丰收的机会，不要计较一时的待遇得失。一旦做好心理建设，拥有健康的心态之后，不论做任何事都能心甘情愿、全力以赴，当机会来临时才能及时把握住。千万不要觉得工作像鸡肋食之无味，弃之可惜，最后搞得自己身心疲惫，心存怨愤。只有那些找到了自己最热爱的职业的人，才能够彻底掌握自己的命运。我们发现那些有所成就的人，几乎都有一个共同的特征：无论才智高低，也无论从事哪一种行业，他们必然喜爱自己所做的事，并能在自己最热爱的事情上勤奋努力。带着一种从容坦然、喜悦的感恩心情工作吧，你会爱上你的工作，并因此获取最大的成功，就像下面故事中的史蒂夫一样。

史蒂夫大学毕业后为了生计，做了一名银行职员，但工作一年后，他发现自己干这个工作老是心不在焉，而且始终把这个工作看做谋生的手段——也就是为了月底的那点并不微薄的薪水。在安静的时候，他问了自己，发现自己并不热爱这个工作，虽然这个工作能给他带来富裕，但是，他早年的梦想和内心崇尚的是做一名社区工作者，这个职业工资不高，但能给他带来助人之后的荣誉和赞扬，带来与人交往的乐趣。于是，经过一番思想斗争后，他毅然选择做了一名社区工作者，为社区公民排忧解难。他非常投入，每天几乎没有上下班之分，他运用了自己的全部才华和潜能，工作干得非常出色。在干了10年社区工作之后，他当选为他所在州的议员，他为民众办事的理想获得了进一步的拓展，他的职业也获得了更大荣耀和发展。

可见，工作除了能使我们得到活下去的资源外，还带给我们生活的意义，让我们的人生变得充实。只有那些找到了自己最热爱的职业的人，才能够彻底掌握自己的命运，同时也更懂得怎样去感谢自己的公司。

只要你的职业与自己的志趣相投，你就绝不会陷入失败的境地。年轻人一旦选择了真正感兴趣的职业，工作起来总能精力充沛、全力以赴，而绝不会无精打采、垂头丧气。同时，一份合适的职业还会在各方面发挥你的才能，并使你迅速地进步。所以，你要喜爱公司赋予你的工作，全心全意、不遗余力地为公司增加效益，完成公司分派给你的任务，并凭借这种热爱去发掘内心蕴藏着的活力、热情和巨大的创造力。当你抱有这样的热情时，上班就不再是一件苦差事，工作也就变成了一种乐趣，就会有许多人愿意聘请你来做你更热爱的事。

当你怀着一颗感恩的心去爱自己的工作时，就会发现一切都变得不一样了。当你遭遇到不公平待遇时，你会认为这是公司对自己的检测和考验；当公司和员工之间产生利益冲突时，你会给予公司充分的信任；当公司面临经济困难时，你会心甘情愿与之共渡难关。

所以，一定要怀着一颗感恩的心去爱自己的工作。感恩，会使你得到更多的信任和支持，使你更积极，更有活力。

感谢你的同事，帮助他们其实就是提高自我

职场中，不少人总是把自己的同事看成是竞争对手，其实不然，同事是我们最好的工作伙伴，是我们在职场中不断地获得成长与进步的助手。对于同事，我们要始终怀有一颗感恩之心，去感谢他们，去帮助他们。因为，你在帮助他们的同时，也是在提高自我。

一位专家指出：现代年轻人在职场中普遍表现出的自负和自

傲，使他们在融入工作环境方面显得缓慢和困难。他们缺乏团结合作精神，项目都是自己做，不愿和同事一起想办法，每个人都会做出不同的结果，最后对公司一点儿用也没有，自己也不会得到提升。

这就说明了，没有团队的成功就没有个人的成功，只有同事间团结协作，相互配合，才能营造成功的团队和优秀的自我。

那些失败了的，或者正在走向失败的团队之所以失败，除了能力等欠缺之外，还有一个非常重要的因素，那就是团队成员之间不配合，相互拆台、相互竞争甚至引起内讧。出现这种情况，不仅对公司、对团队无益，对自己同样没有任何好处。正所谓“皮之不存，毛将焉附”。

晓玲最近从一个普通的客户部员工一下子升到了客户部经理的位置，她的升迁不仅没有遭到同事的嫉妒和排挤，而且还获得了他们的拥护，似乎在她同事的心目中，晓玲做了经理是他们所希望的，也是理所当然的事情。

那么为什么晓玲如此受到同事的拥护呢？事情还得从晓玲三年前进入这个公司说起。刚开始进入这个公司的时候，晓玲和大多数人一样，有干劲、有理想、骨子里还有点清高、特立独行，总是喜欢一个人做事情。即便是从事一个大的项目，她也很少寻求同事的帮忙。当然，她也不会主动去配合同事做好一些事情。

在这段时间里，晓玲一直在抱怨工作太累、客户不好伺候、同事感情淡漠……

就这样几个月的时间过去了，别的同事都在相互配合中轻轻松松地做了好几个大项目，而唯独晓玲似乎还在一个人单打独斗，并且做得很累。在一个季度的总结大会上，老板对晓玲进行了批评，并且开导她要善于和同事配合。

面对自己的成绩，晓玲也发现了问题所在，她意识到再这样下去，问题可能会更严重。最终她按照老板的要求，开始主动和同事配合，有事没事总和同事一起探讨探讨、主动帮助同事、主动为同事分忧解难……她的付出也换来了丰厚的回报：在第二个季度中，晓玲的业绩是前一个季度的两倍，而且一点都不觉得累。

这下晓玲明白了“配合”的重要性，在以后的工作当中，这方面就做得更好了。现在的晓玲不仅成了一个性格外向的人，而且无论是在内部工作上，还是在对待客户上，都能以“配合意识”来要求自己。因为她知道，配合同事，自己也受益。

确实如此，职场之中的进退往往都和你的同事、团队成员联系在一起。同事进则自己进；团队进则自己进。这也就意味着你配合同事就等于帮自己的忙。

那么，在日常工作中，员工之间应该如何做呢？

1. 积极与同事合作

任何一位员工的利益都是和他人捆绑在一起的，很多事情也只有在互相合作中才能完成；不合作的结果往往是他不能得到，你也不能得到。没有人是可以独立活在这个世界上的，只有相互合作才能获得最大的利益，以保证自己生存价值的最大实现。

2. 乐于资源共享

在职场中，唯有实现资源共享，形成合力才能取得良好的效果。倘若大家都是以自我为中心，埋头各做各的事，那么，到最后谁也不会有大的收获。只有扬长避短、资源共享、互相帮助，才能共同进步发展。

3. 从老同事那里吸取经验

那些比你先来的同事，相对来说比你积累了更多的经验，有机会时不妨聆听他们的见解，从他们的成败得失里寻找可以借鉴的地方，这样不仅可以帮助你自己少走弯路，更会让他们感到你对他们的尊重。尤其是那些资历比你深，但其他方面比你弱一些的同事，会有更多的感动，而那些能力强的同事，则会认为你善于进取，更乐于关照并提携你。

4. 对新同事提供善意的帮助

新同事对手头的工作还不熟悉，当然很想得到大家的指点，但是心有怯意，不好意思向人请教，这时，我们最好主动去关心帮助他们，在他们最需要得到帮助之时，伸出援助之手，往往会让他们铭记终生，打心眼里深深地感激你，并且会在今后的工作中更主动地配合和帮助你，切不可自以为是，把新同事不放在眼里，在工作中不尊重他们的意见，甚至叱责，这些态度都会伤害对方。

总之，在一个公司里，员工如果像大雁一样，遇到困难时，互帮互助，共同抵抗，危难关头时，首先想到的是同伴的安全，结果会怎样呢？答案毋庸置疑，不仅整个公司会成功，每个员工的能力也都会得到提升。

乐于奉献，多做一点有益于社会的公益事

一个真正拥有感恩之心的人，一定是一个乐于奉献，肯于做一些没有回报的好事的人，因为他们明白：自己只是通过自己善良的行动为他人创造美好生活，而不是为了让别人报答你的恩情。实际上，你做好事的同时，你善良的本性已经使你感觉愉快。你爱的意义即在于此，所以千万别老想着回报。

对于一个真正有智慧、懂得感恩的人来说，每当他为别人制造方便的时候，他往往只想到要去做，而做了之后他就会感到灵魂中的快乐。正如同适当地做一些运动以使身心都得到放松一样，你所做的这些爱心行动也可以使你在情感上得到同等程度的愉悦。因此，你感觉上的回报就是你意识到你做了这些好事，并且身心愉悦。

最为重要的一点是，如果我们能够做一些“不求回报”的好事，我们的回报就会不期而至，乔治·伯特就有这样的际遇。

在旅游旺季的时候，旅馆的生意总是特别得兴隆，当时年轻的乔治·伯特就是在一个旅馆当服务生。在一个暴风雨的晚上，一对老夫妇来到一家旅馆，要求订房。

“对不起，现在是旅游旺季，我们这里已经没有空房间了。”乔治·伯特面带歉意地说。

老先生愁眉微锁，嘀咕道：“我们是从外地来的旅游者，

人生地不熟。在这样的雨天，真不知道怎么办才好!”

乔治·伯特知道，现在是旅游旺季，附近的旅馆已经全都客满，要订到客房很是不易。想到老夫妇不得不在这样的大雨天出去找一个安身之所，乔治·伯特心里感到很难过。他不忍心让两位老人重新回到雨中去。他说：“如果你们不嫌弃的话，可以住在我的房间里。”

“但是这太不好意思了，而且你怎么休息啊?”

“我要在这里工作到明天早晨，请放心，你们不会给我造成任何不便。真的，一点也不会!”乔治·伯特边说边将酒店的值日表指给老人看，证明自己确需加班，以打消他们的顾虑。

老夫妇欣然应允，在乔治·伯特的房间里住了一晚上。第二天早上，他们想照价给乔治·伯特房费。乔治·伯特婉言谢绝：“我帮你们不是为了回报，而且昨晚已经赚到了加班费，请不必客气!”

老先生感叹道：“你这样的职员是任何老板都梦寐以求的。我将来也许会为你建一座旅馆。”

乔治·伯特没有说话，只是笑了笑，显然他认为这只是一个玩笑。

过了几年，乔治·伯特忽然收到一封老先生的来信，邀请他到曼哈顿见面，并附上了往返机票。到了曼哈顿，老先生将他带到一幢豪华的建筑物前面，说：“这就是我专门为你建造的饭店。你对它满意吗?”

“为什么……”乔治·伯特激动得说不出话来。

“因为我认可你，觉得你一定能把这个饭店管好。”

许多年过去了，这家饭店已发展成为今日美国著名的渥道夫—爱斯特莉亚饭店。这个年轻的乔治·伯特就是该饭店的第一任总经理。

乔治·伯特得到别人的赏识和喜爱，不是偶然的幸运，而是得益于他助人为乐，不求回报的一贯作风。

如果要付出，就单纯地付出，不要想着回报。即使是别人的感激与表扬也并不是你最需要的，你真正得到的有意义的回报是你无私奉献的热情。只要你有了这种热情，你的生活就会变得更加美好、更加惬意。做了不求回报的好事，你的心情坦然了，你就能体会到奉献的乐趣。这是一种跟你的生活密切相关的处事方式，它不仅会带给你快乐，而且做起来也是那样轻而易举。

然而在现实生活中，无论我们是有意或是无意的，我们总是想从别人那里得到点什么，尤其是当我们为别人做了点什么的时候。比如：常常出现这样的情况，住在同一间寝室的人常说“既然我打扫了洗手间，那么她就应该将厨房清理一下”，或是邻居之间说“我上周帮他们家照顾了一下午孩子，这次总该他们帮我了吧”。

而每当出现这种情况的时候，我们都认为我们所付出的已远远超过所得到的回报。

如果你感到替别人做了什么而得不到任何回报，那么导致你心理不平衡的根本原因是隐藏在你内心的互惠主义，它干扰了你内心的平静. 它使你老是在想：我想要什么，我需要什么，我应当去索取什么。如果行善事而有所图，也许好事会变成坏事。

在生活中试着真心真意地去帮助别人，别老是有意无意就想着：自己可以得到什么样的回报？

如果你能够渐渐地摒弃这种想法，也就是说，当这一切完全发自你的意愿时，你一定可以体会到帮助他人而不在乎你所帮的人会给你什么样的报答，只是真心实意地去做你所能做到的，将是件快乐的事情。如果你真的这么做了，你就会感到这一切对于你心灵的回报。而且最重要的是，做那些不求回报的好事，往往会得到源源不断的回报：虽然回报不是“一座饭店”，但是可能会得到良好的人缘。这，更会让你受用一生！

第七章

激发正能量，从普通走向卓越

人生需要正能量，感恩就是正能量的源头

“人生需要正能量。”那么，什么是正能量呢？简单地说，就是对待人生的一种积极乐观而健康的态度，如自信、乐观等。在今天，很多人都在修炼自我的正能量。殊不知，感恩就是正能量的源泉，我们要想真正地激发出自身的正能量，就必须要学会感恩，懂得感恩。

为什么这么说呢？因为感恩不仅仅是对于现在拥有的一切心存感激之情，还在于我们只有真正地做到了这一点后，才会真正地接纳自我。

所谓的自我接纳，也就是在一定程度上肯定自我，包括自己的优势与劣势，亮点与暗点。自己到底具备什么优势，什么强项，自己的弱点与不足又有哪些？无论自己的现状如何，都要用平静的心态对自己来个很好的接受与确认，这才是对自我的正确接纳。

在现实当中，能认清自己的优势与劣势，能对自己有一个很好的接纳，这对我们做事无疑是有帮助的。从自我肯定中发掘自己的优势，施展自己的潜力，这样更容易实现个人的价值，对个人的长期发展来说也是很有益处的。一些人对此把握得很好，能妥善地处理一些实际问题，而有些人往往忽略了此项，在自我发展的过程中，难免会出现一些小的磕磕绊绊。

刘永与王刚是大学同班同学，两人学的都是新闻专业，

毕业后各自到相关专业的媒体单位工作了，干的都是新闻采访工作。刚开始，两人的能力与业绩都差不多，但半年以后就发生了很大变化。刘永在工作中发现自己对单位内单调的采访写作工作越来越不感兴趣，而对文物收藏很感兴趣，并对一些瓷器、古玩、字画等文物的收藏与鉴赏情有独钟。于是他就为自己策划了一个新的项目，通过单位的平台与实力，采访一些不同的收藏家，然后将采访记录与文物的相关资料和历史传说加工成文，编撰成文物收藏与鉴赏类型的杂志，向国内外发行。刘永将自己的策划递交给了单位领导，没想到领导很欣赏刘永的想法，就支持刘永做此项目。刘永通过一年的实践与努力，效果很不错。他发现自己真正找到了开发自我潜能的最佳途径。单位领导对刘永的强项更是大力支持，不到两年时间，刘永就晋升为文物杂志的部门经理，职场生活与个人生活都越来越好。

王刚一直干新闻采编工作，收入与生活也算稳定，但他对自己的工作并不满意。工作中既没激情，又没新意。他个人本来擅长文学创作，但是当今社会靠文学创作发财已经很不现实，他想通过赚更多的钱来优化自己，于是就改行做了图书发行，他认为自己只要干得好就能多赚钱。结果经营得不太合理，虽然赚钱了，但他对现状并不满足，因为经常与同行人士明争暗斗，稍有不慎就有可能出问题。图书营销干得太累，王刚又改行做了服装销售生意，结果还是不满意。虽然他的收入并不差，但他一连干了好几个行业，却越干越烦越累，总觉得自己有劲使不出来。王刚总想改变自己的现状，一时又找不出原因，很是郁闷。

刘永与王刚的基础不相上下，为什么到后来有了差别呢？就是因为刘永在做采编工作的同时发现了自己的强项，并努力朝着自己的优势方向发展，所以杂志工作做得越来越好。王刚呢，由于一时疏忽了自己擅长文学创作的专长，进展过程就不那么理想了。两人对个人的自我接纳程度不同，选择的职业类型也就不相同，进展状况当然也有差异。

因此，无论自己的现状如何，都要用平静的心态对自己有一个很好的接受与确认，这才是对自我的正确接纳。有了正确的接纳，才能进一步发现与培养自己的强项，从实践与行动中发掘出自己的潜力，从而合理地实现自己的价值。

王刚虽然与刘永同时起步，但他缺少对自己的肯定与接纳，弄不清自己到底具备什么优势，在实践中就很难对自己的具体事项进行合理的安排。他本来擅长文学创作，如果他能专心走文学之路，也许会越做越宽。但他忽略了此项，为眼前利益所驱使，干了赚钱的行业。做图书营销，做服装生意，虽然也赚钱，但自己过得很不舒坦，总觉得自己有劲使不出来。其中的原因很明显，就是他没有充分认识自我，没有开发和利用好自己的强项，造成了一时的迷茫。

不能认清自我，接纳自我，连自己都否认了，又何来人生的正能量呢？王刚的优势在文学创作上，而他忽略了此项去做图书营销，做服装生意，无形中将自己的强项闲置起来了。做这些偏激行业的原因只是想赚钱，认为只要能赚到钱就万事大吉了。现实并不是这么简单，当他从事了偏激的行业以后，由于受职业性质的局限，就不由自主地陷入了一个心理误区，那就是过分强调物质理念，偏激的认为只要具备丰富的物质条件与经济基础，就能填补精神上的空虚，满足思想上的需求。其实这也是个人的虚荣心在作怪，他们想通过此方法从外表包装一下自己，让自己在亲友、外人面前更体面一些，证明自己有能力生存了，并且生存得“很好”。这样的想法是由于个人将生存条件看得太重，在紧张的生存压力下产生的不良反应。

这种现象多见于不能认清自我，接纳自我的人。王刚后来的迷茫现象又是怎样一步步产生的呢？因为他个人刚刚开始打拼，经验不足，困扰重重，现实中艰难紧缺的物质生活，众人期待飞黄腾达的目光，总会令他产生迅速改善自我的想法，他要想迅速改善自己不如意的生存状况，就只有从物质追求下手。如此情况下就产生了盲目追求物质财富的念头，其实他越这样想，就越误入随波逐流的歧途，也就忽视了自身的优势开发。于是选职业就只为了一时赚钱，可是当他赚了钱以后呢，自己当初的亮点与强项已经消失得无影无踪了，自己也就出现了一时的迷茫现象。这正是一些青年人中途出现迷茫的全过程，而王刚正是这类青年的典型代表。

对于很多人来讲，自我接纳是发展自我人生的大课题，也是激活自身正能量的根本。因为，只有当我们真正地懂得感恩，接受了生命中的一切，接纳了自我之后，才能在现实的生活中摆正自我的位置，扮演好自我的角色，进而才能真正地投入到生命之中，去做那些自己认为应该做的事。

拥有感恩之心，人生就会变得更积极

如果你还有时间进行抱怨，那么你就有时间把要做的事情做得更好；如果你已觉得抱怨无济于事，你就应该去寻找克服困难、改变环境的办法；如果你认为抱怨是一种坏习惯，你就应该化抱怨为抱负，变怨气为志气。

懂得感恩的人知道：世界是美丽的，世界也是有缺陷的；人生是美丽的，人生也是有缺陷的；工作是美丽的，工作也是有缺陷的。也正是因为如此，人们才乐于接受生命中所遇到的一切，并积极地去面对生命中的一切，事实上也是如此，他们恰恰就是因为对待生活的这种积极态度成就了他们人生的卓越。哈佛大学的博士渥沦·哈特葛伦就是这样一个人。

渥沦·哈特葛伦年轻时曾是一名挖沙工人，他梦想中的事业就是要成为研究南非树蛙的专家。本来依照他所接受的教育，他是不具备这方面的才能的，但是他从 1969 年开始，就把自己的大部分时间都用在了研究树蛙上。

他每天收集 150 个标本，共作了大约 300 万字的读书笔记，终于从中找到了南非树蛙的生活规律，并从它们身上提取了世界上极为罕见的一种能有效预防皮肤伤病的药物，从而一举成名，后来还获得了哈佛大学的博士学位，登上了美国《时代》周刊的封面。

渥沦·哈特葛伦后来对一位年轻人诚恳地说："如果你想了解南非树蛙，你只需每天用五分钟的时间阅读有关的资料，这样，在五年之后你就会成为这个世界上最懂它的人，成为在这个领域中最具有权威的人。"

渥沦·哈特葛伦最后的这句话揭示了他成功的真谛，每天只要多花五分钟来超越自己，每天让自己进步一点点，经过长年累月坚持不懈的积累，你就会变成这个领域最成功的人。

那位听了渥沦·哈特葛伦这番话的年轻人接受了他的忠告，他开始像哈特葛伦博士一样把自己的时间和精力投入到自己的专长上去，最后也获得了巨大的成功，他的名字就是伍迪·艾伦，好莱坞有史以来最成功的一位电影人。

伍迪·艾伦后来说道："生活中90%的时间只是在混日子，大多数人的生活层次只停留在为吃饭而吃饭、为搭公车而搭公车、为工作而工作、为回家而回家。他们从一个地方逛到另一个地方，事情做完了一件又一件，好像做了很多事，但却很少有时间从事自己真正想完成的目标。就这样，一直到老死。但想要成就自己的事业，这样做是绝对不行的，要想成事就要把时间和精力投入到自己的专项中去，这样你就能非同寻常。"

渥沦·哈特葛伦并没有为生命中所遇到的诸多不幸而抱怨，而是依旧用一颗感恩的心去面对，拒绝抱怨，积极地做好自己想做的事。这也是他之所以获得成功的秘密所在。难道说，你不想像他那样让自己的生命变得更加光彩绚丽吗？

一位伟人曾说过：“有所作为是生活中的最高境界。而抱怨则是无所作为，是逃避责任，是放弃义务，是自甘沉沦。”不论我们遭遇到的是什么境况，若喋喋不休地抱怨不已，注定于事无补，有可能会把事情弄得更糟。而这绝不是我们的初衷。

倘若我们的抱怨毫无理由，就应该从根本上改变自己的心态，由消极变为积极，由推诿变为主动，由事不关己变为责任在我。即使我们的抱怨具备十足的理由，那也还是不要抱怨吧！在逆境中拼搏能够产生巨大的力量，这是人生永恒不变的法则。当你遇到某一个难题时，也许一个珍贵的机会正在悄悄地等待着你。对于一个优秀的员工而言，公司的组织结构如何，谁该为此问题负责，谁应该具体完成这一任务都不是最重要的，在他心目中唯一的想法就是如何解决问题。不论是谁的责任，我们都不妨换一个角色，比如自己就是这件事的责任人，你将如何更好地解决这些问题？

没有人欣赏好抱怨的人，就是因为这不是有出息的行为，真有志气、有出息的人从来不会抱怨。恐怕没有人愿意做一个没有志气、没有出息的人吧？那就把所有应该的抱怨和不应该的抱怨一齐抛弃，开动脑筋、甩开臂膀，信心十足地大干一番，去创造美好的前程。

斯迈尔斯认为，下定决心，不管你做什么，都要全力以赴。一位著名的教练对他的球队说过简短而振奋人心的话：“当欢呼声消失了，体育场人去楼空后，当报上的大标题已经印出，你回到自己安静的房间，超级奖杯放在桌上，所有的热闹都已消失后，剩下的只有：致力于完美，致力于胜利，致力于尽我们最大的努力，以使这世界变得更好。”

所有的人类都是宇宙有创意的表现，我们每个人都是宇宙的一部分。只有我们在致力完美时，才会去想我们是为何被造。只有视人类为神圣的杰作，才能说明每日的奋斗会使我们变成还未达到的人。

一位哲人说：任何人都可以数得出一个苹果里有多少种子，但只有上帝知道一粒种子里有多少苹果。

如果你要追求一种不能摧毁的快乐和个人深切的满足，就得发挥你最大的潜能。

皮尔·卡丹独自来到巴黎闯天下，当时他一贫如洗。他最初在一家服装店里当学徒。从此，皮尔·卡丹便与服装结下了不解之缘，进而改变了他一生的命运。皮尔·卡丹虚心好学，尤其在服装设计上似乎有一种特殊的天赋，可以说是一个服装天才。他很快便在“世界时装之都”的巴黎有了一点儿名气，一些达官贵人、太太、小姐都知道有这样一个年轻人，都愿意请他设计加工服装，因为他在设计上力求大胆创新，赢得了大家普遍的好评。

1950年，28岁的皮尔·卡丹创建了自己的服装公司。当皮尔·卡丹只身一人闯荡巴黎服装界时，服装公司比比皆是，但真正称得上高级时装的公司只有三十几家，皮尔·卡丹的小公司相比之下太微不足道了，而且没有雄厚的资金实力。

但皮尔·卡丹是一个非常有头脑的人，他敢想敢做，不断谋求新的经营理念，不懈地开拓创新迎接挑战。积累了一部分资金之后，皮尔·卡丹便大胆地向女性服装领域进军，皮尔·卡丹特意为女性设计生产了一系列风格高雅、质料价格适中的服装，受到绝大多数中下层女性的广泛欢迎。

在女式服装领域取得了很好的反响之后，随即他又把目光转向男式服装领域。应该说，这一举措比他在女装上的举措更大胆，更具有开创性。

皮尔·卡丹又一次在法国时装界制造了前所未有的轰动效应。在那些曾经是女性时装一统天下的服装橱窗里，男式服装也取得了它的一席之地，而且反响越来越大。男式服装的风潮迅速在法国乃至欧洲蔓延开来。

皮尔·卡丹的发家史，实际上也是他将人生目标付诸行动不断开拓的奋斗史。它告诉人们，一个人仅有梦想是远远不够的，重要的是要有不懈追求的决心和切实果敢的行动。

梦想是成功者的起跑线，决心便是起跑时的枪声，行动犹如起跑者全力的冲刺。懂得感恩，用一种积极的态度去面对生命中的一切，成功离我们还远吗？

感恩，会给予我们人生更高的要求与标准

感恩，不仅仅是一种对待人生的态度，同样也是对于自我人生的一种要求。当我们懂得感恩之后，就会用更高的要求与标准

来要求自己，而这恰恰也是我们从普通走向卓越人生的必由之路。

藤田田毕业于日本早稻田大学经济学系，毕业之后他在一家大电器公司打工。随后他开始创立自己的事业，经营麦当劳生意。麦当劳是闻名全球的连锁快餐公司，采用的是特许连锁经营机制，而要取得特许经营资格是需要具备相当财力和特殊资格的。而藤田田当时只是一个才出校门几年、毫无家庭资本支持的打工一族，根本无法具备麦当劳总部所要求的75万美元现款和一家中等规模以上银行信用支持的苛刻条件。只有不到5万美元存款的藤田田，看准了美国连锁快餐文化在日本的巨大发展潜力，决意要不惜一切代价在日本创立麦当劳事业，于是绞尽脑汁东挪西借创业资金。但事与愿违，5个月下来他只借到4万美元。面对巨大的资金落差，一般人也许早就心灰意懒了。然而，藤田田却偏有对困难说“不”的勇气和锐气，偏要迎难而上遂其所愿。于是，在一个风和日丽的早晨，他西装革履满怀信心地跨进住友银行总裁办公室的大门。藤田田以极其诚恳的态度，向对方表明了他的创业计划和求助心愿。在耐心细致地听完他的表述之后，银行总裁做出回应：“你先回去吧，让我再考虑考虑。”藤田田听后，眼睛里即刻掠过一丝失望，但马上镇定下来，恳切地对总裁说了一句：“先生可否让我告诉你，我那5万美元存款的来历呢?”“可以。”总裁答道。

“那是我6年来按月存款的收获，”藤田田说道，“6年里，我每月坚持存下工资奖金，雷打不动，从未间断。6年里，无数次面对过度紧张或手痒难耐的尴尬局面，我都咬紧牙关，克制欲望，硬挺了过来。有时候，碰到意外事故需要额外用钱，我也照存不误，甚至不惜厚着脸皮四处告贷，以增加存款；这是没有办法的事，我必须这样做，因为在跨出大学门槛的那一天我就立下宏愿，要以10年为期，存够10万美元，然后自创事业，出人头地。我坚信，在小事情上过得硬的人才干得成大事情。现在机会来了，我一定要提早开创自己的事业。”

藤田田一口气讲了20分钟，总裁越听神情越严肃，并向藤田田问明了他存钱的那家银行的地址，然后对藤田田说：“好吧，年轻人，我下午就会给你答复。”

送走藤田田后，总裁立即驱车前往那家银行，亲自了解藤田田存钱的情况。柜台小姐了解总裁来意后，说了这样几句话：

“哦，是问藤田田先生啊。他可是我接触过的最有毅力、最有礼貌的一个年轻人。6年来，他真正做到了风雨无阻地准时来我这里存钱，老实说，这么严谨的人我真是佩服得五体投地！”

听完柜台小姐介绍后，总裁大为动容，立即打通了藤田田家里的电话，告诉他住友银行可以毫无条件地支持他创建麦当劳事业。藤田田追问了一句：“请问，您为什么要决定支持我呢？”

总裁在电话那头感慨万千地说道：“我今年已经58岁了，再有两年就要退休，论年龄我是你的2倍，论收入我是你的

40倍，可是，直到今天我的存款却还没有你多……我可是大手大脚惯了。光说这一句，我就自愧不如，敬佩有加了。我敢保证，你会很有出息的，年轻人，好好干吧！”

试想一下，如果藤田田不懂得感恩，不能够给自我的人生提出更高的要求，能获得以后的成功吗？

目标、要求是我们人生的导航灯，上面的故事体现出了这一点，藤田田的成功，给我们深深地上了一堂课。懂得感恩的藤田田就是因为给予了自我人生更高的要求与标准，才让人生的这盏导航灯永不磨灭，即使遭遇挫折，陷入困境，他都会勇敢面对。因为他清楚地知道前面还有一盏导航灯来照亮自己前进的道路。

三只青蛙掉进鲜奶桶之中。第一只青蛙说：“这是命！”于是它盘起后腿，一动不动地等待着死亡的降临。第二只青蛙说：“这只桶太深了，凭借我自己的跳跃能力，是不可能跳出去的，我死定了。”于是它就沉入桶底淹死了。第三只青蛙打量着四周说：“真是不幸！不过我要做一个计划以便能够逃出险境。对了，我的后腿还很有力。那么，我就必须要找到一个垫脚的东西。首先，我要让奶油凝固。然后站在奶油块上，我就有可能跳出这个桶了。”于是，这只青蛙就不停地划，不停地跳。慢慢地，鲜奶在它的搅拌下变成了奶油块，在奶油块的支撑下，这只青蛙奋力一跃，终于跳出了鲜奶桶。

谨慎地制订适合自己的工作计划，脚踏实地、不懈努力地完成自己的计划，这样我们就会成为一个成功的人。

美国 NBA 著名球星迈克尔·乔丹是位家喻户晓的人物。有一次，记者问他："是什么因素造成你不同于其他职业篮球运动员的表现，而能多次赢得个人和球队的胜利？"他告诉记者："在这个 NBA 大联盟里面，有天分的球员有很多，而我只是其中一个。之所以我能够取得今天的荣誉，是因为我在高中比赛的一次挫折。从那以后，我就一直想要成为一位伟大的球员，我只要第一！为了这个目标，我制订了一系列的工作计划。我要先成为全州最好的球员，然后是全美国大学，进入 NBA……你们无法想象，为了实现这些工作计划，我有多么拼命。即使在我感到最为疲惫的时候，也没放松过对自己的要求，坚持不懈。很幸运，我成功了。"

人生的计划对我们的人生具有导向作用，一份好的计划可以及时校正我们的人生轨迹，让我们在偏离前进方向的时候得到纠正，找到努力的方向。现在，就让我们用一颗感恩的心去面对自我的人生，用更高的要求和标准去要求自我吧！那么，我们的人生从此将会与众不同。

拥有感恩心，就能点燃心中激情的火焰

拿破仑·希尔曾告诉我们："热忱是一种意识状态，能够鼓舞及激励一个人对手中的工作采取行动。不仅如此，它还具有感染力，不只对其他热心人士产生重大影响，所有和它有过接触的人也将受到影响。"

热忱和人类的关系，就好像是蒸汽和火车头的关系，它是行

动的主要推动力。人类最伟大的领袖就是那些用知识鼓舞他的追随者发挥热忱的人。热忱也是推销才能中最重要的因素。把热忱和你的工作混合在一起，那么，你的工作将不会显得辛苦或单调。热忱会使你的整个身体充满活力，使你在睡眠时间不到平时一半的情况下，工作量达到平时的二倍或三倍，而且不会觉得疲倦。

热忱是股伟大的力量，你可以利用它来补充你身体的精力，并发展出坚强的个性。事实上，感恩就是点燃心中激情，让我们热忱地面对生活的火焰。因为，只有当我们怀有一颗感恩之心时，才能正确地面对生命中所要做的事，才会真正地喜欢上自己所做的事，才会积极乐观地面对在执行过程中所遇到的一切。

如果你因情况特殊，目前无法从事你最喜欢的工作，那么，你也可以选择另一项十分有效的方法，那就是，把将来从事你最喜欢的这项工作当做是你明确的目标。

缺乏资金以及其他许多种你无法当即予以克服的环境因素，可能迫使你从事你所不喜欢的工作，但没有人能够阻止你在脑海中决定你一生中明确的目标，也没有任何人能够阻止你将这个目标变成事实，更没有任何人能够阻止你把热忱注入你的计划之中。

如果你有热忱，几乎就所向无敌了。要是你没有能力，却有热忱，你还是可以使有才能的人聚集到你身边来。假如你没有资金或是设备，若你有热忱说服别人，还是有人会回应你的梦想的。

感恩，点燃了我们心中的激情，热忱是成功和成就的源泉。我们的意志力、追求成功的热忱越强，成功的概率就越大。

热忱是一种状态——你 24 小时不断地思考一件事，甚至在睡梦中仍念念不忘。事实上，一天 24 小时意识清楚地思考是不可能的。然而，有这种专注却很重要。如果真这么做，你的欲望就会进到潜意识中，使你或醒或睡都能集中心志。

热忱可使你释放出潜意识的巨大力量。在认知的层次，一般人是无法和天才竞争的。然而，大多数心理学家都同意，潜意识力量要比意识力量大得多。一家小公司不可能梦想很快就招募到一批奇才。但是，我们相信，如果发挥潜意识的力量，即使是普通人也能创造奇迹。真正的热忱常能带来成功，但如果热忱是出于贪婪或自私，成功也就如昙花一现。如果你对正义毫无感觉，凡事都以自己为出发点，同样的热忱也许一开始会让你尝到成功的甜头，最后还是不免倒下。

事实上，我们能否成功，还是要看我们潜意识里的欲念是否单纯。

最理想的情况莫过于去除我们自身的自私，凡事利他助人，并且单纯地希望增进人类和社会的幸福。但是对我们这些凡人而言，要根除自私自利与贪婪是不可能的。对于这点，我们不用觉得羞愧。以自我为中心的欲念就是我们得以生存下来的机制。然而，我们也要试着去控制这种欲念。至少我们该转移工作目标：我们不光是为了自己而工作，更是为了群体。把工作目标从自己身上转移到他人身上，欲念就会变得单纯。最后，单纯的心念必能占上风。

若一个人的思想被迟钝、有害的各种病态心理所占据，热情就会缺乏生长和生存的土壤。要改变这种状态，关键是需要自己作出努力，要不断鼓励自己，给自己打气，常常对自己说："我有幸福、幸运的每一天，我尽全力去做，去争取每一次的机会，而且我得到过，今天和明天还将会得到。我的努力可以换得我的快乐与充实。”尝试着这样充满信心与热情地投入工作和生活中，你必然会走运。

每时每刻记住祛除心理上的病态，消除抑郁与自卑。人的内心经常会发生心理战，占据优势的心理往往左右你的言行，也影响着你的一生。病态的心理可以使你出现不健康症状，而自卑、失败主义的思想可以蚕食你的生命，摧毁你的一生。

有一个曾经被自卑、焦虑的病态心理折磨得几乎对自己的事业绝望的人，在经历了一场心理战，并尝试着拥有热忱之后，终于使自己的事业有了起色，并重新获得了欢乐。他对自己这一段大起大落的生活感慨万端，他说：“我得到了一个深刻的教训，我体会到我必须去做一件了不起的事情，那就是改造自己，唤起自己对生活、对每一件与自己相关联的事情的热情，学会对每个人、每件事都做出热心的样子，并热心去做每件事，让热情贯穿自己的生活，这样，才不至于被沮丧、烦恼占据自己的心，终于我重新得到了充实的生活。我也将永远保持那一份热忱。”

虽说他的言语之中并没有确切地说到感恩，事实上，他之所以有这样的认识，不正是建立在对于生命的一种感恩之情的基础上吗?

坚持，再坚持，笑看世间风云

成功与失败的最大区别不在于一个人的能力有多强。在现实生活中，不少人在面对自己所要做的事情的时候，出于各种各样的原因，如难度大、接受的事务琐碎、与他人合作不愉快等，经常会出现中途“撂挑子”的情况。像这样的人是很难真正地获得人生意义上的成功的。在我们身边，有很多人凭借所拥有的聪明才智本来足以取得显赫的成就，但是他们在打拼的过程中面对各种各种的困难妥协了，满腔抱负和聪明才智也随着妥协退去了它们的光芒。他们不敢面对困难，于是便把失败转化成进步的动力；他们也没有能够把小的失败转化为大的成功契机。当我们用一颗感恩的心面对一切的时候，就会用正确的态度去接受、面对一切，会集中所有的精力和心志去坚持不懈地追求自己所从事的事，如此一来，他必将会等到成功的那一天。事实上也是如此，只有当我们拥有了一颗感恩的心，懂得在做事的时候不放弃而努力奋斗才能走向成功。

刚进公司的柯立勇自认为专业能力很强，所以，对待工作很随意。有一天，他的老板直接交给他一项任务，为一家知名企业做一个广告策划方案。

这个柯立勇见是老板亲自交代，不敢怠慢，认认真真地搞了半个月，之后，他拿着这个方案，走进了老板的办公室，恭恭敬敬地放在老板的桌子上。谁知，老板看都没看，只说了一句话：“这是你能做得最好方案吗?”柯立勇一怔，没敢回答，老板轻轻地把方案推给柯立勇说：“重新去做!”柯立勇什么也没说拿起方案，走回自己的办公室。

柯立勇冥思苦想了好几天，修改后交上，老板还是那句话：“我觉得你的这个方案还是不能让我满意。”柯立勇心中忐忑不安，不敢给予肯定的答复，于是老板还是让他拿回去修改。

这样反复了四五次，柯立勇都坚持不懈、毫无怨言地按照老板的要求去认真修改方案，最后一次的时候，柯立勇信心百倍地说："这是我不懈努力认真做出的最好的方案，希望您能满意。"老板微笑着说："好，这个方案批准通过。"

有了这次经历，柯立勇明白了一个道理：只有持续不断地改进，坚持不懈地努力工作才能做好。从此以后，在工作中每当他遇到挫折与困难的时候，他都要问自己："难道我就这样轻易放弃了吗?"然后再不断进行改善，不久他就成为公司的得力员工，老板对他的工作非常满意，最后柯立勇经过努力成了部门主管，他领导的团队业绩一直很好。

由此可见，当我们用一颗感恩的心去面对自我要做的事时，不管在做的过程中遇到什么样的困难与阻碍，都要有种锲而不舍的精神，要将所做的事做实、做透，坚定不移地向着最终的目的地靠近。

许多人之所以平庸、无所作为，并不是因为他们没有能力、没有诚心、信心不足或者是对所做的事缺乏热情而碌碌无为，而是缺乏坚韧不拔之志。他们做事往往虎头蛇尾、有始无终，做起事来东拼西凑、草草了之，并总是怀疑自己目前所做的事情是否能成功，永远都在考虑到底要做哪一种事，有时他们认定某种事有绝对成功的把握，但做到一半他们又觉得还是另一件事比较妥当。他们时而对现状心满意足，时而又非常不满。

某家著名的化妆品公司总经理曾说过，公司里最让他关心的事就是能否招聘到可靠的工作人员，因为每次招聘在经过严格的考试后，难得有一两位候选人是合格的。

这家公司考试的方法很特殊，其目的在于测试应试者是不是一个有坚定意志力、不屈不挠的人。当对应试者进行面试时，就用种种消极的话语来测试应试者的意志，告诉他们化妆品在市场上存在的竞争与实际工作中的巨大压力，以此来试探他们。

很多应聘者在听了这些情况后，就会觉得前途一片暗淡，因而打消了要进公司的念头，面试未结束就中途离开了。而只有极少数人仍然不为公司前景的种种困境所动，意志坚决，而且言谈举止中能够做到处处谨慎大方，并能显出忠诚可靠、富有勇气的个性，这样的人才是公司所需要的。

这位总经理还说："我们所需的人才，是意志坚定、工作起来全力以赴、有奋斗进取精神的人。现在我们的员工大都很有成就，他们如今的能力也在一般人之上。但我发现，其中最能干的大体是那些天资一般、没有受过高深教育的人。但他们拥有全力以赴的做事态度和永远进取的工作精神。"

坚定、勇敢、富有忍耐力，这是公司对所有员工的要求，如果不具备这些条件，无论这个人才识如何渊博，也无法得到公司的认同。

现实生活中那些获取成功的卓越人士大多都具备全力以赴、锲而不舍的品质，因为永不屈服、百折不挠的精神是获得成功的基础。现在的大多数年轻人颇有才学，也具备成就事业的基本条件，但他们在做事的时候存在一个致命的弱点，那就是缺乏恒心、没有忍耐力，往往一遭遇微不足道的困难与阻力，就立刻往后退缩，裹足不前。这样的人怎么可能成功呢？又拿什么去回报公司呢？

那么，作为一个懂得感恩的人，应该怎样去培养坚韧不拔、锲而不舍的精神呢？其实要做到这一点，并没有想象中的那么艰难。

首先，让自己树立坚强的工作意志。这也是培养锲而不舍的精神最重要、最关键的一点。

所谓意志力，就是人们自觉地确定目标，并且根据目标调节、支配自己的行为，从而达到战胜困难、实现既定目标的一种心理过程。它能够领导、维持、制止、改变人的行为。意志力有三方面的特性：①果断，是指毫不犹豫、下定决心做出决断的能力。在处理问题和进行决策的时候，善于抓住时机，立即做出正确的决定，采取行动；能够迅速采取措施应付紧急情况；当情况发生变化时，或发现自己的决策失误时，立即停止行动，改变既定的行动计划。②忍耐，是指一旦确定奋斗目标，就能持之以恒，坚持到底，努力使其实现的心理品质。③顽强，是指面对困难和挫折，能够迎难而上，困难越大，斗志就越旺盛，越有种不达目的誓不罢休的决心。

现实中，人们往往急功近利，希望在短时间内获得成功，结果时常和期望背道而驰。因为这些人缺乏意志力，急着想达到自己的目标。要培养意志力，就必须懂得感恩，并乐于接受现实，学会在现实中建立明确的目标。目标越明确，欲望越强烈，意志力的培养就越简单。有意识地培养自己的意志力，比如摒弃否定的、令人沮丧和消极的心理影响因素；逐渐养成不达目的不罢休的习惯等。一个具备坚强意志力的人，即使是在现实中遇到这样或者是那样的困难与阻碍，心情也不会沮丧，志气也不会沦丧。意志力的力量源源不断，如果能够加以正确控制和引导，就能够变成一种执着，提高自己对挫折的忍耐力。

其次，为自己所要做的事做一个系统的规划。对于很多缺少锲而不舍精神的人，一个系统的规划或许能帮助他们坚持做完应该做的事。在这个系统的规划中包括人生目标、行动的步骤、会遇到的问题，以及遇到问题时的解决方案等。

最后，对即将遇到的苦难与阻碍做好心理准备。人一生当中无论是工作上，还是生活中，都或多或少会遇到些困难和挫折，这是生活中的一种规律。既然困难和挫折在所难免，那就让我们用一颗坚强的心准备去面对它们吧！

人生中需要锲而不舍的精神，感恩也需要锲而不舍的精神，因为我们只要身处在社会之中，我们就是在源源不断地接受社会的恩惠，所以我们的感恩要像社会的恩惠一样源源不断，就让这种锲而不舍的精神伴随着我们去做事，去走完人生接下来的道路。

感恩之心赋予的责任与使命会产生的核动力

你或许听过这样一句话：“承担怎样的责任就会有怎样的成就。”也可能听说过：“拒绝责任就是拒绝成长。”感恩的人，比普通人更容易取得成功，关键一点就在于，他们拥有着强烈的责任感和使命感，而这一切恰恰就是促使他们把事情做得更好的动力之源。

感恩，是责任与使命之源，一个缺乏感恩之心的人是难以真正地拥有责任心和使命感的。在我们身边总有这样一群人，他们正是因为不懂得感恩，以至于缺乏一定的责任心、害怕吃苦、吝啬付出，总是喜欢抱怨，抱怨公司的老板，抱怨工作时间过长，抱怨公司管理制度过严，抱怨薪水太少……就如故事中的这位年轻人。

有一个年轻人刚参加工作不久，因为工作很普通，所以他一直不满意自己的工作。他总觉得自己是干大事的人，像目前这样简单的工作对自己来说就是大材小用，于是他逢人便抱怨自己的工作，抱怨自己的公司。

有一天，年轻人找到当地最显赫的成功人士，向他请教有关成功的秘诀。成功人士要求他先介绍一下自己。于是，年轻人用了很长一段时间讲述自己的良好品质以及目前的工作情况。当然，他说的最多的就是自己多么不得志、不受重用。

成功人士听了年轻人的介绍后，针对他的实际情况，提出有关工作态度和职业方向的建议，但是年轻人并不愿意接受，他觉得自己的态度没有任何问题，没有成功完全是由外部环境造成的，他没有遇到一位知人善任的好上司，没有遇到发展的好机会。他一直强调：凭借自己的聪明才智一旦遇到好的机会必定会有一番大作为。无论成功人士怎么引导，年轻人总是在不停地抱怨。

成功人士很无奈，便拿起自己身边的茶壶，慢慢地往年轻人面前的茶杯中倒茶。直到茶杯满了，茶水溢了出来，成功人士也没有停止倒茶的这个动作。年轻人慌乱地说："别倒了，水都流出来了！"

这时，成功人士意味深长地看了年轻人一眼，不紧不慢地说："人心就像这只茶杯，如果里面装满了抱怨和不满，还能装下其他东西吗？你就是这只盛满水的茶杯。"

年轻人恍然大悟。

这个故事告诉我们：如果过度的去关注一些不如意、不顺心的事情，就会感到很累、很吃力。从心理学上来说，你会感到麻烦的事情越来越多地围绕在你身边，不断地纠缠着你。相反，你转换一种心情，抱着感恩的心去注意每一件事，你会觉得这些都是小事，是自己理所当然应该做的。

的确，偶尔的抱怨会赢得一些人的理解，使自己的内心压力暂时得到一定的缓解。但是，持续的抱怨会招来周围同事的厌烦，最主要的是会使抱怨的人在工作上产生消极情绪；会使自己与公司的理念格格不入，更使自己的发展道路越走越窄。

那些吃苦耐劳的优秀员工告诉我们，千万不要将时间浪费在抱怨上，那是得不偿失的。我们应该加强自己的责任心，不怕吃苦，乐于付出，将全部的精力放在自己的工作上，多关心一下自己工作是否做得接近完美，哪里还需要提高。将抱怨化为感恩，工作的心情和工作的结果将大不相同。下面的事例就能让我们认识到这一点。

> 小胡毕业于一所名牌大学，走出校园后他就在一家知名企业做起了一名普通职员。起初，因为自己的工作过于普通和死板，他总是抱怨怀才不遇、无人重视、无人欣赏。世上没有不透风的墙，这些抱怨的话终于传进了上司的耳朵。幸运的是小胡的上司是一位知人善任的人，他知道小胡有一定的能力，于是，他找到小胡对他说了一番话："公司很重视人才，但公司更重视员工是否有一颗感恩的心，是否敬业。你有过人的能力我明白，但你的锐气需要磨一磨，明白吗？"
>
> 小胡听后深受启发，从此他便开始踏踏实实、努力地工作。经过一段时间的打磨，他各方面表现都不同凡响，成绩卓著，为公司立下了汗马功劳，职位也从普通职员升为了部门经理。

从上面的事例中，可以看出，只有当我们拥有一颗感恩的心后，才能真正地担负起工作所赋予的责任，才能把工作做好。

从现在开始，让我们用一颗感恩的心去面对一切，唤醒自我的责任感、使命感，如此一来，我们就会挖掘到把事情做得更好的动力源泉。你要知道，抱怨是一种无能的表现。抱怨的行为只能说明抱怨的人在面对困难时，害怕吃苦，总是寻找借口为自己开脱，这样只能让我们离优秀越来越远。

一位伟人曾经说过："有所作为是成功人士的追求，而抱怨则是无所作为的平庸之辈的温床。”确实，任何的抱怨都是无济于事的，只有敢于担负责任，不怕吃苦，通过努力才能改善处境，成为自己的主人。下面故事中的杨晨就用实际行动向我们做出了榜样。

1992 年年初，摩托罗拉刚在我国起步。杨晨毅然放弃一份高薪工作，去了摩托罗拉。

初时杨晨傻眼了，黑人上司的做事风格完全颠覆了他以往的办事模式。他会这样要求你工作：

“他交给你任务的时候，不会告诉你怎么做，只说他要达到一个什么目的。然后你想出了一个方案给他，这时他却又会问，你有没有给我另外一个选择呢?”

“不要到我面前说我有一个问题，而要说对于这个问题，我的解决方案有 1、2、3 个，这是你要做的工作。”

通过几次与上司的工作交流，杨晨觉悟了，原来工作应该是这样做的。他将上司的要求总结出了两点：一是员工只能提供答案，不能向上司提问题；二是要给上司提供多种解决方案，且不容商量。

通过一次次出色地解决问题，杨晨最终成了摩托罗拉中国电子有限公司市场推广部经理。

想想看，如果杨晨在上司提出要求之后，害怕苦难，抱怨上司的苛刻，他可能不仅提供不了多种解决方案，甚至有可能在遭遇麻烦后把问题丢给上司。但杨晨没有抱怨，而是积极解决问题，自己也取得了很大的成就。

走向真正属于自我的成功

正如俗语所言：“人贵有自知之明。”感恩，不仅仅是对生活的一种态度，更是摒弃虚荣、自私等一切蒙蔽我们心灵的消极因素，让我们真正地认识自我，发现自我优势的有效心灵洗涤工作。现实中，很多人之所以生活得不怎么快乐，难以获得成功，其中最主要的一个原因就在于迷失了自我，所追求的并不是真正属于自我的成功。

什么是成功？所谓的成功就是成就最为真实的自我，活出最为真实的自我。我们要想真正地做到这一点，就必须勇于接受自我的一切，无论是长处还是短处。事实上，我们只有这样才能找到真正的自己，才能发现自己的优势，也只有如此，才不会活在他人的眼光中。

一个人活着，是为自己的精彩而活着，是为自己的蓝图而拼搏。只有这样，才能永远做自己命运的主人，拥有一个快乐而又充实的人生。

每一个人在攀登人生顶峰的旅途中，可以听取别人的意见，接受别人的帮助，但一定要记住——自己才是人生之船的掌舵者，人要为自己而活！不可以人云亦云，做别人意见的附庸；否则，你不但会在左右摇摆、不知所措中身心疲惫，失去许多宝贵的成功机会，有时还会失去自我。

从前有一位画家，想画出一幅人人都喜欢的画。经过几个月的辛苦创作，他把画好的作品拿到市场上去，在画的旁边放了一支笔，并附上一则说明：亲爱的朋友，如果你认为这幅画哪里有欠佳之笔，请赐教，并在画中标上记号。

晚上，画家取回画时，发现整个画面都涂满了记号——没有一笔一画不被指责。画家心中十分不快，对这次尝试深感失望。

画家决定换一种方法再去试试，于是他又临摹了一张同样的画拿到市场上展出。这一次，他要求每一位欣赏者将其最为欣赏的妙笔都标上记号。

晚上，画家取回画时，惊喜地发现整个画面也都被涂满了记号。

最后，画家不无感慨地说："我现在终于明白了，无论自己做什么，只要使一部分人满意就足够了。因为，在有些人看来是丑的东西，在另一些人的眼里则恰恰是美好的。"

每个人对人生和世界的看法都不尽相同，要达到世人眼中的标准是不大可能的，那意味着你无论做什么事都要合乎别人的眼光和标准。人生际遇不同，人们对同一问题便有不同的回答。一千个人眼中就有一千个哈姆雷特，有一千个对哈姆雷特悲剧命运的哀伤，对"宇宙的精灵，万物的灵长"的赞叹。四个不同的几何图形，有人看出了圆的光滑无棱，有人看出了三角形的直线组成，有人看出了半圆的方圆兼济，有人看出了不对称图形独到的美。同是交战赤壁，苏轼高歌"雄姿英发，羽扇纶巾，谈笑间樯橹灰飞烟灭”，杜牧却低吟“东风不与周郎便，铜雀春深锁二乔”。同是“谁解其中味”的《红楼梦》，有人听到了封建制度的丧钟，有人看见了宝黛的深情，有人悟到了曹雪芹的用心良苦，也有人只津津乐道于故事本身……测量一栋大楼的高度，有人利用太阳下的阴影，通过三角函数的关系简单算出；有人用绳子与楼房比较，然后测绳子长度，有人用气压计，从楼底到楼顶，通过气压变化来计算，也有人询问楼房管理员……

问题的出现是一个起点，问题的解决则是终点，过程则是多样的，认识事物的角度、深度不同，解决问题的方法就自然不相同。正所谓，有什么样的世界观，就有什么样的方法论。不妨引用苏轼的诗句“横看成岭侧成峰，远近高低各不同”。生活是一个多棱镜，总是以它变幻莫测的每一面反照生活中的每一个人。因此，不必介意别人的流言蜚语，不必担心自我思维的偏差，培养独立进取的好性格，坚信自己的眼睛、坚信自己的判断、执着自我的感悟，用敏锐的视线去透视这个世界，用心去聆听、抚摸这个多彩的人生，给自己一个富有个性的回答。

美国著名思想家爱默生，在一篇谈论自信的文章中曾经写道：“要成为一个顶天立地的男子汉，就不能随波逐流。”做自己认为对的事，成为自己想成为的人，无论成败与否，你都会获得一种无与伦比的成就感和自我归属感。正如但丁的那句豪言：走自己的路，让别人说去吧！

有一次，范晓萱对采访她的记者谈起对自己的看法时说：“以前我很辛苦，因为我太在乎别人的感觉，太在乎其他人怎么看我，所以，我很多时间总是去想别人会怎么想，我都想去做得面面俱到，因此，变得很辛苦。现在，我学会了跟着感觉走，也能比较清楚地表达我的看法，我只是想活得比较轻松，不要那么辛苦。”

事实上，只要一个人做好应该做的事情，就值得称赞；在每干完一件事情的时候，都能够使自己无愧于人，都知道自己能够做些什么，他就可以义无反顾地去实现自己的目标，而用不着在乎别人的看法和眼光。独立坚强的心不会惧怕孤独，心灵的充实更胜过虚假的繁荣。每个人都可以用自己喜欢的方式生活，做自己喜欢做的事，宠爱自己，因为生命匆匆，不必委曲求全，不要给自己留下遗憾，做一个独特的自己才是最重要的。你不必将缺点或弱点暴露在你所处的社会中，但是谨慎之余，也许你会过分在乎别人的存在。如果你始终怀疑别人是否会在背后批评你，因此不敢相信朋友和社会大众，这也是一件令人遗憾的事。

不应过分在意别人的观点，一个重要原因，是别人众多，而你只有一个，如果处处照顾别人的看法，必将无所适从。所以我们必须洒脱一些，不要活在他人的眼光之中。何况，在社会生活中，有卓见者总是少数，孤独寂寞、不被理解是很自然的事情。尤其在时移事易，应当有所革新的时候，如果过分看重众人的意见，那就什么事情也做不成了。

人生本来就是丰富多彩的，每个人的人生正是因为独特而变得与众不同、璀璨夺目。真正能够活出自己风采的人是最幸福的人，是最具有独立精神的人，也是最成功的人。用一颗感恩的心去面对自我的优点或者不足，去挖掘自我的所有爱好和潜能，做一个无愧于自己，活得真实、活得坦荡、活得自然、活得精彩的自己，你就能真正地成就自我幸福与美满的卓越人生。